数控编程与操作项目式实训教程

范彩霞 路素青 主编

国防工业出版社
·北京·

内容简介

本书以 FANUC Series 0i Mate – TC 和 HNC – 21T 两种数控系统作为平台，以项目式的内容编排模式，全面介绍了数控车床和数控铣床的编程与实训。全书共分两篇，其中第一篇为数控车床编程与实训，本篇共设置了 10 个实训项目，内容涵盖了外圆、螺纹、内孔、非圆曲线轮廓、刀尖半径补偿、复杂回转体自动编程等项目的编程和实训；第二篇为数控铣床编程与实训，同样设置了 10 个实训项目，内容包括数控铣床基本操作、两种数控系统及其仿真系统的基本操作、平面及二维轮廓、孔系加工、型腔、三轴联动加工空间曲面、非圆曲线宏程序及 CAXA 制造工程师自动编程等。

本书可作为高等工科院校机械类、近机类专业本专科生的数控实训教材，也可作为数控编程技术人员的参考用书。

图书在版编目(CIP)数据

数控编程与操作项目式实训教程/范彩霞，路素青主编. —北京：国防工业出版社，2012.6
ISBN 978-7-118-07957-9

Ⅰ.①数… Ⅱ.①范…②路… Ⅲ.①数控机床 – 程序设计 – 教材②数控机床 – 操作 – 教材 Ⅳ.①TG659

中国版本图书馆 CIP 数据核字(2012)第 028346 号

※

国防工业出版社出版发行
(北京市海淀区紫竹院南路 23 号 邮政编码 100048)
北京嘉恒彩色印刷有限责任公司
新华书店经售

*

开本 710×960 1/16 印张 14½ 字数 259 千字
2012 年 6 月第 1 版第 1 次印刷 印数 1—4000 册 定价 28.00 元

(本书如有印装错误，我社负责调换)

国防书店：(010)88540777 发行邮购：(010)88540776
发行传真：(010)88540755 发行业务：(010)88540717

前　言

　　数控加工编程是数控工艺技术人员的核心技能,但数控加工编程和数控系统的选择有关,针对生产实践,本书详细介绍了 FANUC 和华中数控系统编程,并结合数控加工仿真系统适当介绍了数控机床的主要操作步骤,在编程工具上除了介绍一般零件手工编程,还对宏程序编制和自动编程做了实例讲解。

　　本书共分两篇,第一篇为数控车床编程与操作实训,第二篇为数控铣床编程与操作实训。数控车床编程与操作实训共设置了 10 个实训项目,内容涵盖了生产实践中回转体类零件的常见结构特征,如外圆、螺纹、内孔、圆弧及非圆曲面(如椭球类)。数控铣床编程与操作实训同样设置了 10 个项目,内容包括数控铣床基本操作、两种数控系统及其仿真系统的基本操作、平面及二维轮廓、孔系加工、型腔、三轴联动加工空间曲面、非圆曲线宏程序及 CAXA 制造工程师自动编程等。每个项目均按数控机床及毛坯选择、零件装夹、刀具选择、工艺规划、编程及加工操作等环节顺序展开进行实训,并根据项目实训目标设置了同步练习题目。项目的内容编排由易到难,特别是有关宏程序和自动编程两个项目的设置,是提高数控工艺规划、编程和操作等方面能力的关键。

　　本书由范彩霞和路素青主编,其中项目 1、项目 2 由刘超编写,项目 3、项目 4、项目 5、项目 6、项目 7、项目 8、项目 9、项目 10 由范彩霞编写,项目 11、项目 12、项目 13、项目 14、项目 15 由李会芹编写,项目 16、项目 17 由刘德波编写,项目 18、项目 19、项目 20 由路素青编写。全书由范彩霞负责统稿和定稿。

　　由于编写时间及作者的专业水平和生产经验有限,书中难免有错误和欠妥之处,恳请读者指正。

编　者
2012 年 4 月

目 录

第一篇　数控车床编程与操作实训

项目1　数控车床安全操作规程 ……………………………………… 2
 1.1　开机前的准备工作 …………………………………………… 2
 1.2　加工过程中的安全注意事项 ………………………………… 3
 1.3　停机后的注意事项 …………………………………………… 3
项目2　FANUC Series 0i Mate-TC 数控系统基本操作 ……………… 5
 2.1　数控系统面板 ………………………………………………… 5
 2.2　机床操作面板 ………………………………………………… 8
 2.3　手轮面板 ……………………………………………………… 10
 2.4　通电开机 ……………………………………………………… 10
 2.5　手动操作 ……………………………………………………… 10
 2.6　手轮进给 ……………………………………………………… 11
 2.7　自动运行 ……………………………………………………… 12
 2.8　创建和编辑程序 ……………………………………………… 13
 2.9　设定和显示数据 ……………………………………………… 16
 2.10　程序的输入校验 …………………………………………… 17
项目3　HNC-21T 数控系统基本操作 ………………………………… 19
 3.1　数控系统面板 ………………………………………………… 19
 3.2　手动操作 ……………………………………………………… 24
 3.3　刀位选择、转换和机床的锁定 ……………………………… 25
 3.4　MDI 运行 ……………………………………………………… 26
 3.5　自动运行操作 ………………………………………………… 27
 3.6　程序编辑和管理 ……………………………………………… 28

3.7 数据设置 ··· 29
3.8 程序的输入校验 ··· 32

项目 4 外圆复合循环加工演示与实训 ························· 33
4.1 加工实例 ·· 33
4.2 工艺分析 ·· 34
4.3 加工程序 ·· 35
4.4 操作演示(华中世纪星数控系统) ······················· 36
4.5 加工实训 ·· 40

项目 5 内孔复合循环加工演示与实训 ························· 42
5.1 加工实例 ·· 42
5.2 工艺分析 ·· 43
5.3 加工程序 ·· 44
5.4 具体操作(FANUC Series 0i Mate-TC 数控系统) ······· 45
5.5 加工实训 ·· 51

项目 6 普通螺纹车削加工实训 ································· 52
6.1 加工实例 ·· 52
6.2 工艺分析 ·· 53
6.3 加工程序 ·· 55
6.4 加工实训 ·· 57

项目 7 刀尖半径补偿加工实训 ································· 58
7.1 加工实例 ·· 58
7.2 工艺分析 ·· 59
7.3 加工程序 ·· 61
7.4 加工实训 ·· 62

项目 8 非圆曲线宏程序加工实训 ······························ 64
8.1 宏程序编程概述 ··· 64
8.2 加工实例 ·· 66
8.3 工艺分析 ·· 67
8.4 加工程序 ·· 68
8.5 加工实训 ·· 69

项目 9 CAXA 数控车自动编程演示与实训 ··················· 70

V

9.1 加工实例 …………………………………… 70
9.2 工艺分析 …………………………………… 71
9.3 加工造型 …………………………………… 72
9.4 左端加工 …………………………………… 72
9.5 右端加工 …………………………………… 82
9.6 加工实训 …………………………………… 91

项目 10 数控车削加工综合实训 …………………………… 92
10.1 加工实例 ………………………………… 92
10.2 工艺分析 ………………………………… 93
10.3 加工程序 ………………………………… 94
10.4 加工实训 ………………………………… 96

第二篇 数控铣床加工中心编程与操作实训

项目 11 数控铣安全操作规程 ……………………………… 98
11.1 安全操作基本注意事项 ………………… 98
11.2 工作前的准备 …………………………… 98
11.3 工作过程中的安全注意事项 …………… 98
11.4 工作完成后的注意事项 ………………… 99

项目 12 FANUC Serise 0i-MC 数控系统基本操作 ……… 100
12.1 FANUC 加工中心控制面板 …………… 100
12.2 选择机床 ………………………………… 105
12.3 机床回零 ………………………………… 106
12.4 安装工件和工艺装夹 …………………… 108
12.5 建立工件坐标系 ………………………… 110
12.6 安装刀具和换刀 ………………………… 117
12.7 确定刀具长度补偿 ……………………… 120
12.8 传输 NC 程序 …………………………… 122
12.9 自动加工 ………………………………… 124
12.10 程序的输入校验 ………………………… 125

项目 13　华中世纪星 HNC-21M 数控铣系统基本操作 …… 126
　13.1　HNC-21M 数控铣系统面板 …… 126
　13.2　选择机床 …… 130
　13.3　机床回零 …… 131
　13.4　安装工件和工艺装夹 …… 132
　13.5　建立工件坐标系 …… 134
　13.6　安装刀具和换刀 …… 139
　13.7　确定刀具长度补偿 …… 142
　13.8　传输 NC 程序 …… 143
　13.9　自动加工 …… 145
　13.10　程序的输入校验 …… 145

项目 14　平面铣削实训 …… 147
　14.1　加工实例 …… 147
　14.2　工艺分析 …… 148
　14.3　加工程序 …… 149
　14.4　加工实训 …… 151

项目 15　外轮廓铣削实训 …… 152
　15.1　加工实例 …… 152
　15.2　工艺分析 …… 153
　15.3　加工程序 …… 154
　15.4　加工实训 …… 159

项目 16　钻孔编程实训 …… 161
　16.1　加工实例 …… 161
　16.2　工艺分析 …… 162
　16.3　加工程序 …… 163
　16.4　加工实训 …… 164

项目 17　内轮廓加工实训 …… 166
　17.1　加工实例 …… 166
　17.2　工艺分析 …… 167
　17.3　加工程序 …… 168
　17.4　加工实训 …… 174

项目 18　宏程序编程实训 ······ 175
18.1　加工实例 ······ 175
18.2　工艺分析 ······ 176
18.3　加工程序 ······ 177
18.4　加工实训 ······ 182

项目 19　CAXA 制造工程师自动编程实训 ······ 184
19.1　加工实例 ······ 184
19.2　工艺分析 ······ 185
19.3　加工造型 ······ 187
19.4　粗铣外轮廓 ······ 187
19.5　粗铣同心圆型腔 ······ 193
19.6　粗铣叶片型腔 ······ 197
19.7　精铣外轮廓 ······ 199
19.8　精铣同心圆型腔 ······ 201
19.9　精铣叶片型腔 ······ 203
19.10　钻孔 ······ 205
19.11　加工实例 ······ 209

项目 20　数控铣削加工综合实训 ······ 211
20.1　加工实例 ······ 211
20.2　工艺分析 ······ 212
20.3　加工程序 ······ 213
20.4　加工实训 ······ 221

附录　实训报告 ······ 222

参考文献 ······ 224

第一篇

数控车床编程与操作实训

项目 1　数控车床安全操作规程
项目 2　FANUC Series 0i Mate – TC 数控系统基本操作
项目 3　HNC – 21T 数控系统基本操作
项目 4　外圆复合循环加工演示与实训
项目 5　内孔复合循环加工演示与实训
项目 6　普通螺纹车削加工实训
项目 7　刀尖半径补偿加工实训
项目 8　非圆曲线宏程序加工实训
项目 9　CAXA 数控车自动编程演示与实训
项目 10　数控车削加工综合实训

项目1 数控车床安全操作规程

【实训目标】
(1) 了解数控车床安全操作规程。
(2) 了解机床的基本维护和保养方法。

【实训仪器与设备】
(1) 数控车床一台。
(2) 外圆车刀一把。
(3) 试车毛坯一个。

1.1 开机前的准备工作

开机前准备工作有以下几个方面。
(1) 工作时正确穿戴好劳动保护用品,禁止戴手套操作机床。
(2) 注意不要移动或损坏安装在机床上的警告标牌。
(3) 开机前应对数控车床进行全面细致的检查,包括操作面板、导轨面、卡爪、尾座、刀架、刀具等,确认无误后方可操作。
(4) 机床通电后,检查各开关、按钮和按键是否正常、灵活,机床有无异常现象,认真检查润滑系统、液压系统工作是否正常;开车预热机床10min～20min后,进行零点确认操作。
(5) 使用的刀具应与机床允许的规格相符,有严重破损的刀具要及时更换。
(6) 调整刀具所用工具不要遗忘在机床内。
(7) 大尺寸轴类零件的中心孔是否合适,中心孔如太小,工作中易发生危险。
(8) 刀具安装好后应进行一二次试切削。
(9) 检查卡盘夹紧工作的状态。
(10) 机床开动前,必须关好机床防护门。
(11) 程序输入后,应仔细核对代码、地址、数值、正负号、小数点及语法是否正确。

(12) 正确测量和计算工件坐标系,并对所得结果进行检查;操作机床面板时,只允许单人操作,其他人不得触摸按键。

(13) 输入工件坐标系,并对坐标、坐标值、正负号、小数点进行认真核对。

(14) 程序修改后,要对修改部分仔细核对。

(15) 试切时快速倍率开关必须打到较低挡位。

(16) 试切进刀时,在刀具运行至工件 30mm~50mm 处,必须在进给保持下,验证 Z 轴和 X 轴坐标剩余值与加工程序是否一致。

(17) 未装工件前,空运行一次程序,看程序能否顺利进行,刀具和夹具安装是否合理,有无超程现象。

(18) 必须在确认工件夹紧后才能启动机床,严禁工件转动时测量、触摸工件。

1.2 加工过程中的安全注意事项

加工过程中安全注意事项有以下几个方面。

(1) 禁止用手接触刀尖和铁屑,铁屑必须要用铁钩子或毛刷来清理。

(2) 禁止用手或其他任何方式接触正在旋转的主轴、工件或其他运动部位。

(3) 禁止加工过程中量活、变速,更不能用棉丝擦拭工件,也不能清扫机床。

(4) 车床运转中,操作者不得离开岗位,机床发现异常现象要立即停车,及时报告主管或专业维修人员。

(5) 紧急停车后,应重新进行机床"回零"操作,才能再次运行程序。

(6) 经常检查轴承温度,过高时应找有关人员进行检查。

(7) 在加工过程中,不允许打开机床防护门。

(8) 严格遵守岗位责任制,机床由专人使用,他人使用须经本人同意。

(9) 工件伸出车床 100mm 以外时,须在伸出位置设防护物。

(10) 操作中出现工件跳动/打抖、异常声音、夹具松动等异常情况时必须停车处理。

(11) 试切和加工中,刃磨刀具和更换刀具后,要重新测量刀具位置并修改刀补值和刀补号。

1.3 停机后的注意事项

停机后的注意事项有以下几个方面。

(1) 清除切屑、擦拭机床，使机床与环境保持清洁状态。
(2) 注意检查或更换磨损坏了的机床导轨上的油擦板。
(3) 检查润滑油、冷却液的状态，及时添加或更换。
(4) 依次关掉机床操作面板上的电源和总电源。

项目 2　FANUC Series 0i Mate-TC 数控系统基本操作

【实训目标】

(1) 掌握 FANUC Series 0i Mate-TC 数控系统面板按键功能。

(2) 学习 FANUC Series 0i Mate-TC 数控系统的基本操作方法。

【实训仪器与设备】

数控车床加工仿真系统一套。

2.1　数控系统面板

FANUC Series 0i Mate-TC 数控系统面板如图 2-1 所示。

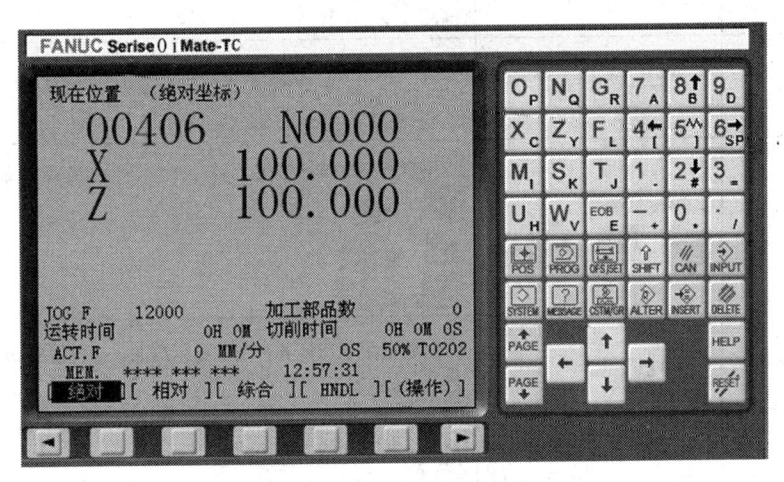

图 2-1　FANUC Series 0i Mate-TC 数控系统面板

2.1.1　数控系统键盘说明

MDI 键盘说明见表 2-1。

5

表 2-1 MDI 键盘说明

序号	名称	功能说明
1	"复位"键 RESET	按此键可使 CNC 复位或者取消报警等
2	"帮助"键 HELP	按此键用来显示如何操作机床，如 MDI 键的操作。按这个键可以获得帮助
3	软键	根据其使用场合，软键有各种功能。软键功能显示在 CRT 屏幕的底部
4	地址和数字键 O_P	按这些键可以输入字母、数字或者其他字符
5	"换挡"键 SHIFT	在有些键的顶部有两个字符。按此键来选择字符。当一个特殊字符E在屏幕上显示时，表示键面右下角的字符可以输入
6	"输入"键 INPUT	当按地址键或数字键后，数据被输入到缓冲器，并在 CRT 屏幕上显示出来。为了把输入到输入缓冲区的数据复制到寄存器，按此键。这个键相当于软键的 INPUT 键，按此两键的结果是一样的
7	"取消"键 CAN	按此键可删除最后一个键入输入缓存区的字符或符号
8	程序编辑键 ALTER、INSERT、DELETE	当编辑程序时按这些键。 ALTER：替换。 INSERT：插入。 DELETE：删除
9	功能键 POS PROG …	按这些键用于切换各种功能显示画面。功能键的详细说明见 2.1.2.1 节
10	光标移动键	这是 4 种不同的光标移动键。 →：这个键用于将光标向右或者向前移动。 ←：这个键用于将光标向左或者往回移动。 ↓：这个键用于将光标向下或者向前移动。 ↑：这个键用于将光标向上或者往回移动。

(续)

序号	名称	功能说明
11	翻页键	这两个翻页键的说明如下。 ：该键用于将屏幕显示的页面朝前翻一页。 ：该键用于将屏幕显示的页面朝后翻一页。

2.1.2 功能键和软键

功能键用于选择显示的屏幕(功能)类型。按了功能键之后，再按软键，与已选功能相对应的屏幕就被选中(显示)。

2.1.2.1 功能键

：按此键显示位置画面。

：按此键显示程序画面。

：按此键显示刀具偏置/设置(SETTING)画面。

：按此键显示系统画面。

：按此键显示信息画面。

：按此键显示用户宏画面(会话式宏画面)或显示图形画面。

2.1.2.2 软键

为了显示更详细的画面，在按下功能键后紧接着按软键。最左侧带有向左箭头的软键为菜单返回键，最右侧带有向右箭头的软键为菜单继续键。

2.1.3 键盘输入和输入缓冲区

按地址键(数字键)时，与该键相应的字符就被输入缓冲器。输入缓冲器的内容显示在 CRT 屏幕的底部。为了标明这是输入的数据，在该字符前面会立即显示一个符号"＞"。在输入数据的末尾显示一个符号"＿"标明下一个输入字符的位置，如图 2-2 所示。

为了输入同一个键上右下方的字符，首先按下 键，然后按下需要输入的键就可以了。例如，要输入字母 P，首先按下 键，这时 SHIFT 键变为红色 ，然后按下 键，缓冲区内就可显示字母 P。再按一下 键，SHIFT 键恢复成原来颜色，表明此时不能输入右下方字符。按下 键可取消缓冲区最后输入的字符或者符号。

7

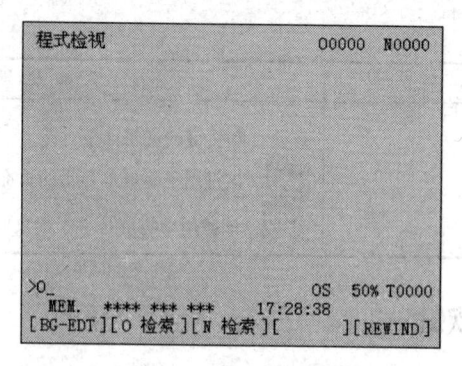

```
程式检视                          O0000 N0000




>O_
MEM.  **** *** ***        OS  50% T0000
                   17:28:38
[BG-EDT][O 检索][N 检索][    ][REWIND]
```

图 2-2 输入缓冲器

2.2　机床操作面板

机床操作面板如图 2-3 所示。机床操作面板功能键说明见表 2-2。

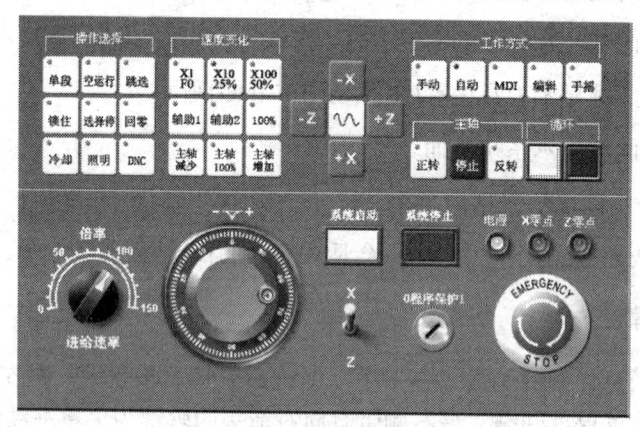

图 2-3 机床操作面板

表 2-2 机床操作面板功能键说明

序号	名　称	功能说明
1	工作方式选择键 编辑　自动　MDI 手摇　手动	用来选择系统的运行方式。 编辑：按该键，进入编辑运行方式。 自动：按该键，进入自动运行方式。 MDI：按该键，进入 MDI 运行方式。 手动：按该键，进入手动运行方式。 手摇：按该键，进入手轮运行方式

(续)

序号	名称	功能说明
2	操作选择键 单段 照明 回零	用来开启单段、回零操作。 单段：按下该键，进入单段运行方式。 照明：按下该键，开启机床照明灯。 回零：按下该键，可以进行返回机床参考点操作(机床回零)
3	主轴旋转键 正转 停止 反转	用来开启和关闭主轴。 正转：按下该键，主轴正转。 停止：按下该键，主轴停转。 反转：按下该键，主轴反转
4	循环启动/停止键	用来开启和关闭，在自动加工运行和 MDI 运行时都会用到它们
5	主轴倍率键 主轴减少 主轴100% 主轴增加	在自动或 MDI 方式下，当 S 代码的主轴速度偏高或偏低时，可用来修调程序中编制的主轴速度。 按 主轴100% (指示灯亮)，主轴修调倍率被置为 100%，按 主轴增加，主轴修调倍率递增 10%；按 主轴减少，主轴修调倍率递减 10%
6	进给轴和方向选择开关	用来选择机床欲移动的轴和方向。其中 ～ 为快进开关。当按下该键后，该键变为红色，表明快进功能开启。再按一下该键，该键的颜色恢复成白色，表明快进功能关闭
7	进给倍率刻度盘	用来调节进给的倍率。倍率值从 0～150%。每格为 10%。左击旋钮，旋钮逆时针旋转；右击旋钮，旋钮顺时针旋转
8	系统启动/停止 系统启动 系统停止	用来开启和关闭数控系统。在通电开机和关机的时候用到
9	电源/回零指示灯 X回零 Z回零 电源	用来表明系统是否开机和回零的情况。当系统开机后，电源灯始终亮着。当进行机床回零操作时，某轴返回零点后，该轴的指示灯亮，离开参考点则熄灭
10	"急停"键	用于锁住机床。按下"急停"键时，机床立即停止运动

9

2.3 手轮面板

手轮面板说明见表2-3。

表2-3 手轮面板说明

序号	名称	功能说明
1	手轮进给倍率键 X1 X10 X100	用于选择手轮移动倍率。按下所选的倍率键后，该键左上方的红灯亮。 X1 为 0.001mm、X10 为 0.010mm、X100 为 0.100mm
2	手轮	手轮模式下用来使机床移动。 单击手轮旋钮，手轮逆时针旋转，机床向负方向移动；右击手轮旋钮，手轮顺时针旋转，机床向正方向移动。 鼠标单击一下手轮旋钮即松手，则手轮旋转刻度盘上的一格，机床根据所选择的移动倍率移动一个挡位。如果鼠标按下后不松开，则3s后手轮开始连续旋转，同时机床根据所选择的移动倍率进行连续移动，松开鼠标后，机床停止移动
3	手轮进给轴选择开关	手轮模式下用来选择机床要移动的轴。 单击开关，开关扳手向上指向 X，表明选择的是 X 轴；开关扳手向下指向 Z，表明选择的是 Z 轴

2.4 通电开机

进入系统后的第一件事是接通系统电源。操作步骤如下：

(1) 按下机床面板上的"系统启动"键，接通电源，显示屏由原先的黑屏变为有文字显示，电源指示灯亮。

(2) 按"急停"键，使"急停"键抬起。

(3) 这时系统完成上电复位，可以进行后面的操作。

2.5 手动操作

手动操作主要包括手动返回机床参考点和手动移动刀具。电源接通后，首先要做的事就是将机床返回参考点。然后可以使用按钮或开关，使刀具沿各轴运动。手动移动刀具包括手动进给和手轮进给。

2.5.1 手动返回参考点

手动返回参考点就是用机床操作面板上的按钮或开关，将刀架移动到机床的参考点。操作步骤如下：

(1) 在方式选择键中按下"手动"键 ，这时数控系统显示屏幕左下方显示状态为 JOG。

(2) 在操作选择键中按下"回零"键 ，这时该键左上方的小红灯亮。

(3) 在坐标轴选择键中按下"+X"键 ，X 轴返回参考点，同时"X-回零"指示灯亮 ；

(4) 依上述方法，按下"+Z"键 ，Z 轴返回参考点，同时"Z-回零"指示灯亮 。

2.5.2 手动进给

手动进给就是手动连续进给。在手动方式下，按机床操作面板上的进给轴和方向选择开关，机床沿选定轴的选定方向移动。

手动连续进给速度可用手动进给倍率刻度盘调节。操作步骤如下：

(1) 按下"手动"键 ，系统处于手动运行方式。

(2) 按下进给轴和方向选择开关 ，机床沿选定轴的选定方向移动。

(3) 可在机床运行前或运行中使用手动进给倍率刻度盘 ，根据实际需要调节进给速度。

(4) 如果在按下进给轴和方向选择开关前先按下快速移动开关，则机床按快速移动速度运行。

2.6 手轮进给

在手轮方式下，可使用手轮使机床发生移动。操作步骤如下：

(1) 按"手摇"键 ，进入手轮进给方式。

(2) 按手轮进给轴选择开关 ，选择机床要移动的轴。

(3) 按手轮进给倍率键 ，选择移动倍率。

(4) 根据需要移动的方向，按下手轮旋钮 ，手轮旋转，同时机床发生移动。

(5) 单击一下手轮旋钮即松手，则手轮旋转刻度盘上的一格，机床根据所选择的移动倍率移动一个挡位。如果鼠标按下后不松开，则手轮开始连续旋转，同时机床根据所选择的移动倍率进行连续移动，松开鼠标后，机床停止移动。

2.7 自动运行

自动运行就是机床根据编制的零件加工程序来运行。自动运行包括存储器运行和 MDI 运行。

2.7.1 存储器运行

存储器运行就是指将编制好的零件加工程序存储在数控系统的存储器中，调出要执行的程序来使机床运行。

(1) 按"编辑"键 编辑 ，进入编辑运行方式。

(2) 按数控系统面板上的"程序"键 PROG 。

(3) 按数控屏幕下方的软键 DIR 键，屏幕上显示已经存储在存储器里的加工程序列表。

(4) 按地址键 O。

(5) 按数字键输入程序号。

(6) 按数控屏幕下方的软键 O 检索键。这时被选择的程序就被打开显示在屏幕上。

(7) 按"自动"键 自动 ，进入自动运行方式。

(8) 按机床操作面板上的"循环"键中的白色"启动"键，开始自动运行。

(9) 运行中按下循环键中的红色"暂停"键，机床将减速并停止运行。再按下白色"启动"键，机床恢复运行。

(10) 如果按数控系统面板上的"复位"键，自动运行结束并进入复位状态。

2.7.2 MDI 运行

MDI 运行是指用键盘输入一组加工命令后，机床根据这个命令执行操作。

(1) 按 MDI 键 MDI ，进入 MDI 运行方式。

(2) 按数控系统面板上的"程序"键 PROG ，屏幕显示如图 2-4 所示。程序号 O0000 是自动生成的。

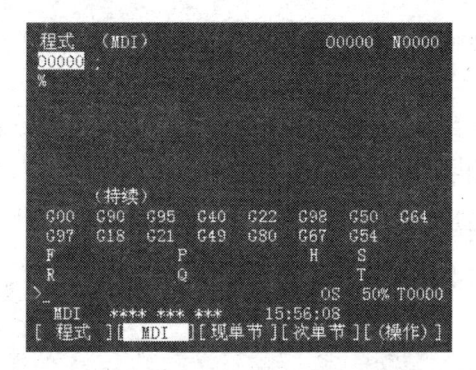

图 2-4 MDI 运行

(3) 像编制普通零件加工程序那样编制一段程序。

(4) 按软键 REWIND 键，使光标返回程序头。

(5) 按机床操作面板上的"循环"键中的白色"启动"键，开始运行。当执行到结束代码(M02，M30)或%时，运行结束并且程序自动删除。

(6) 运行中按下"循环"键中的红色"暂停"键，机床将减速并停止运行。再按下白色"启动"键，机床恢复运行。

(7) 如果按下数控系统面板上的"复位"键，自动运行结束并进入复位状态。

2.7.3 单段

单段方式通过一段一段执行程序的方法来检查程序。操作步骤如下：

(1) 按操作选择键中的"单段"键 单段，进入单段运行方式。

(2) 按下"循环启动"按钮，执行程序的一个程序段，然后机床停止。

(3) 再按下"循环启动"按钮，执行程序的下一个程序段，机床停止。

(4) 如此反复，直到执行完所有程序段。

2.8 创建和编辑程序

下列各项操作均是在编辑状态下、程序被打开的情况下进行的。

2.8.1 创建程序

(1) 在机床操作面板的方式选择键中按"编辑"键 编辑，进入编辑运行方式。

(2) 按系统面板上的"程序"键，数控屏幕上显示程式画面。

(3) 使用字母和数字键，输入程序号。

(4) 按"插入"键 INSERT。

13

(5) 这时程序屏幕上显示新建立的程序名和结束符%，接下来可以输入程序内容。

(6) 新建的程序会自动保存到 DIR 画面中的零件程序列表里。但这种保存是暂时的，退出 VNUC 系统后，列表里的程序列表会消失。

2.8.2 跳到程序头

当光标处于程序中间，而需要将其快速返回到程序头，可使用下列 3 种方法。

(1) 按下"复位"键 ![RESET]，光标即可返回到程序头。

(2) 连续按软键最右侧带向右箭头的菜单"继续"键，直到软键中出现 ![REWIND] 键。按下该键，光标即可返回到程序头。

(3) 按向上箭头亦可返回到程序头。

2.8.3 字的插入

例如，我们要在第一行的最后插入"X20.0"。

(1) 使用光标移动键，将光标移到需要插入的后一位字符上。在这里将光标移到"；"上。

(2) 输入要插入的字和数据：X20.，按下"插入"键 ![INSERT]。

(3) "X20.0"被插入。

2.8.4 字的替换

(1) 使用光标移动键，将光标移到需要替换的字符上。

(2) 输入要替换的字和数据。

(3) 按下"替换"键 ![ALTER]。

(4) 光标所在的字符被替换，同时光标移到下一个字符上。

2.8.5 字的删除

(1) 使用光标移动键，将光标移到需要删除的字符上。

(2) 按下"删除"键 ![DELETE]。

(3) 光标所在的字符被删除，同时光标移到被删除字符的下一个字符上。

2.8.6 输入过程中的删除

在输入过程中，即字母或数字还在输入缓存区，没有按"插入"键 ![INSERT] 的时候，可以使用"取消"键 ![CAN] 来进行删除。每按一下，就删除一个字母或数字。

2.8.7 程序号检索

(1) 在机床操作面板的方式选择键中按"编辑"键 ![编辑]，进入编辑运行方式。

(2) 按"程序"键，数控屏幕上显示程式画面，屏幕下方出现"程式"、"DIR"软键。默认进入的是程式画面，也可以按 DIR 软键进入 DIR 画面即加工程序列表页。

(3) 输入地址键 O。

(4) 按数控系统面板上的数字键，输入要检索的程序号。

(5) 按软键"O 检索"。

(6) 被检索到的程序被打开显示在程式画面里。如果第(2)步中按 DIR 软键进入 DIR 画面，那么这时屏幕画面会自动切换到程式画面，并显示所检索的程序内容。

2.8.8 删除程序

(1) 在机床操作面板的方式选择键中按"编辑"键 ![编辑]，进入编辑运行方式。

(2) 按"程序"键，数控屏幕上显示程式画面。

(3) 按软键 DIR 键进入 DIR 画面即加工程序列表页。

(4) 输入地址键 O。

(5) 按数控系统面板上的数字键，输入要检索的程序号。

(6) 按数控系统面板上的 ![DELETE] 键，输入程序号的程序被删除。需要注意的是，如果删除的是从计算机中导入的程序，那么这种删除只是将其从当前的程序列表中删除，并没有将其从计算机中删除，以后仍然可以通过从外部导入程序的方法再次将其打开和加入列表。

2.8.9 输入加工程序

(1) 单击菜单栏"文件"→"加载 NC 代码文件"，弹出 Windows 打开文件对话框。

(2) 从计算机中选择代码存放的文件夹，选中代码，单击"打开"按钮。

(3) 按"程序"键 ![PROG]，显示屏上显示该程序。同时该程序文件被放进程序列表里。在编辑状态下，按计算机"程序"键，再按软键 DIR 键，就可以在程序列表中看到该程序的程序名。

2.8.10 保存代码程序

(1) 单击菜单栏"文件"→"保存 NC 代码文件"。

(2) 弹出 Windows 另存为文件对话框。

(3) 从计算机中选择存放代码的文件夹,单击"保存"按钮。这样该加工程序就被保存在计算机中。

2.9 设定和显示数据

2.9.1 设定和显示刀具补偿值

(1) 按"编辑"键,进入编辑运行方式。

(2) 按"偏置/设置"键 ![], 显示工具补正/形状界面, 如图 2-5 所示。

(3) 按"补正"软键,再按"形状"软键,然后再按"操作"软键,再按下"NO 检索"软键,屏幕上出现刀具形状列表。

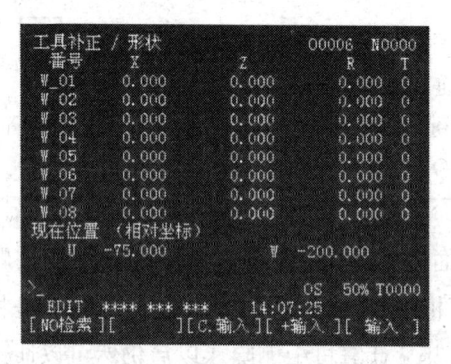

图 2-5 设定和显示刀具补偿值

(4) 输入一个值并按下"输入"软键,就完成了刀具补偿值的设定。

(5) 例如,我们要设定 W03 号的 X 值为 2。先用 ![] 键将光标移到 W03。

(6) 输入数值 ![] 。

(7) 按"输入"软键。该值显示为新输入的数值。

2.9.2 设定和显示工件原点偏移值

(1) 按"编辑"键,进入编辑运行方式。

(2) 按下"偏置/设置"键 ![]。

(3) 按下"坐标系"软键 [坐标系]，如图 2-6 所示。

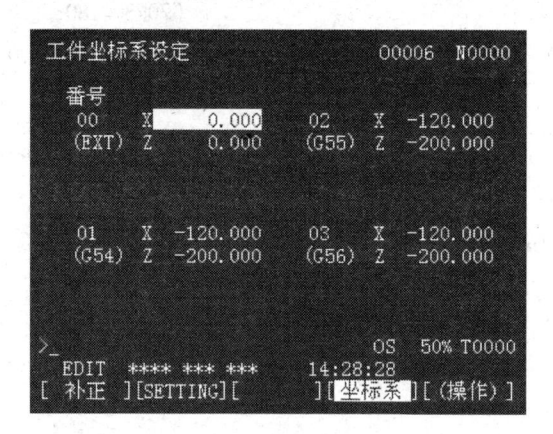

```
工件坐标系设定                      O0006  N0000
 番号
  00     X      0.000      02     X   -120.000
 (EXT)   Z      0.000     (G55)   Z   -200.000



  01     X   -120.000      03     X   -120.000
 (G54)   Z   -200.000     (G56)   Z   -200.000




>_                                  OS  50% T0000
  EDIT  **** *** ***      14:28:28
[ 补正 ][SETTING][       ][坐标系 ][(操作)]
```

图 2-6 设定和显示工件原点偏移值

(4) 屏幕上显示工件坐标系设定界面。该屏幕包含两页，可使用翻页键翻到所需要的页面。

(5) 使用光标键将光标移动到想要改变的工件原点偏移值上。例如，要设定 G54 X20.0 Z30.0，首先将光标移到 G54 的 X 值上。

(6) 使用数字键输入数值"20."，然后按"输入"键 [INPUT] 或者按"输入"软键。

(7) 将光标移到 Z 值上。输入数值"30."，然后按"输入"键 [INPUT] 或者按"输入"软键。

(8) 如果要修改输入的值，可以直接输入新值，然后按"输入"键 [INPUT] 或者按"输入"软键。然后如果键入一个数值后按"+输入"软键，那么当光标在 X 值上时，系统会将键入的值除 2 然后和当前值相加，而当光标在 Z 值上时，系统直接将键入的值和当前值相加。

2.10 程序的输入校验

输入以下程序，进行程序的编辑和校验。

%	G71U1.0R0.5
O0003	G71P80Q180U0.5W0.5F0.15
M03S500	N80G00X0.0
T0101	G01Z0.0F0.1
G00X52.0Z2.0	X16.0

X19.8Z-2.0
Z-19.5
X30.Z-24.0
Z-39.0
X48.0Z-43.0
Z-63.54

N180G01X52.0
G70P80Q180
G00X140.0Z200.0
M05
M30
%

项目 3　HNC-21T 数控系统基本操作

【实训目标】

(1) 掌握 HNC-21T 数控系统面板按键功能。
(2) 学习 HNC-21T 数控系统的基本操作方法。

【实训仪器与设备】

数控车床加工仿真系统一套。

3.1　数控系统面板

HNC-21T 数控系统面板如图 3-1 所示。

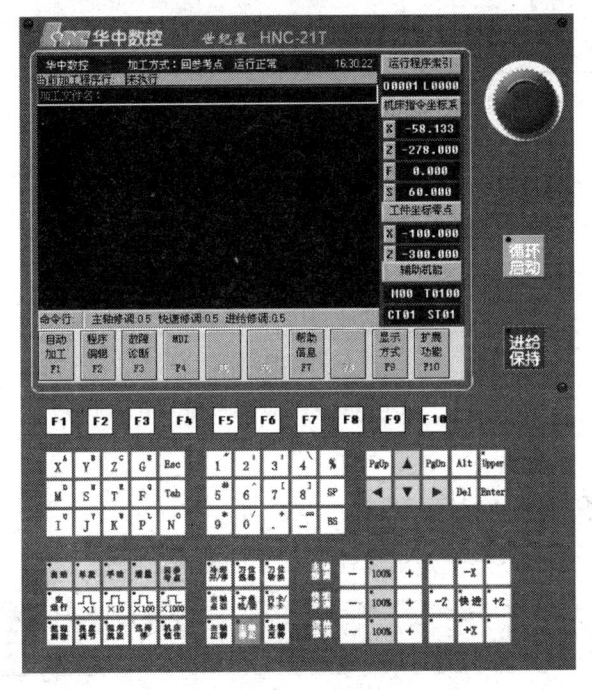

图 3-1　HNC-21T 数控系统面板

3.1.1 MDI 键盘说明

HNC-21T MDI 键盘说明见表 3-1。

表 3-1 HNC-21T MDI 键盘说明

序号	名 称	功 能 说 明
1	地址和数字键 X² 2	按下这些键可以输入字母、数字或者其他字符
2	"切换"键 Upper	在键盘上的某些键具有两个功能。按下"切换"键可以在这两个功能之间进行切换
3	"输入"键 Enter	按下此键可以将输入内容从缓冲区输入到数控系统内存
4	"替换"键 Alt	按下此键可以用缓冲区的内容替换光标处的内容
5	"删除"键 Del	按下此键可以删除内存的数控程序代码内容
6	"翻页"键 PgUp PgDn	按下 PgUp 可以向前翻页，按下 PgDn 可以向后翻页
7	光标移动键	有 4 种不同的光标移动键。 ▶：用于将光标向右或者向前移动。 ◀：用于将光标向左或者往回移动。 ▼：用于将光标向下或者向前移动。 ▲：用于将光标向上或者往回移动

3.1.2 菜单命令条说明

数控系统屏幕的下方就是菜单命令条，如图 3-2 所示。

| 自动加工 F1 | 程序编辑 F2 | 故障诊断 F3 | MDI F4 | F5 | F6 | 帮助信息 F7 | F8 | 显示方式 F9 | 扩展功能 F10 |

图 3-2 菜单命令条

由于每个功能包括不同的操作，在主菜单条上选择一个功能项后，菜单条会显示该功能下的子菜单。例如，按下主菜单条中的"自动加工 F1"命令后，就进入自动加工下面的子菜单条，如图3-3所示。

| 程序选择 F1 | 运行状态 F2 | 程序校验 F3 | 重新运行 F4 | F5 | F6 | 停止运行 F7 | F8 | 显示模式 F9 | 返回 F10 |

图3-3 "自动加工"子菜单

每个子菜单条的最后一项都是"返回"项，按该键就能返回上一级菜单。

3.1.3 机床快捷键及操作键说明

机床快捷键如图 3-4 所示，这些是快捷键，这些键的作用和菜单命令条是一样的。在菜单命令条及弹出菜单中，每一个功能项的按键上都标注了 F1、F2 等字样，表明要执行该项操作也可以通过按下相应的快捷键来执行。机床快捷键及操作键说明见表3-2。

| F1 | F2 | F3 | F4 | F5 | F6 | F7 | F8 | F9 | F10 |

图3-4 机床快捷键

表3-2 机床快捷键及操作键说明

序号	名　称	功　能　说　明
1	"急停"键	用于锁住机床。按下"急停"键时，机床立即停止运动。 "急停"键抬起后，该键下方有阴影 急停键按下时，该键下方没有阴影
2	循环启动/保持 循环启动　进给保持	在自动和 MDI 运行方式下，用来启动和暂停程序

(续)

序号	名 称	功 能 说 明
3	方式选择键	用来选择系统的运行方式。 自动：按下该键，进入自动运行方式。 单段：按下该键，进入单段运行方式。 手动：按下该键，进入手动连续进给运行方式。 增量：按下该键，进入增量运行方式。 回零：按下该键，进入返回机床参考点运行方式。 方式选择键互锁，当按下其中一个时(该键左上方的指示灯亮)，其余各键失效(指示灯灭)
4	进给轴和方向选择开关	在手动连续进给、增量进给和返回机床参考点运行方式下，用来选择机床欲移动的轴和方向。 其中的 快速 键为快进开关。当按下该键后，该键左上方的指示灯亮，表明快进功能开启。再按一下该键，指示灯灭，表明快进功能关闭
5	主轴修调	在自动或 MDI 方式下，当 S 代码的主轴速度偏高或偏低时，可用主轴修调右侧的 100% 键和 + 键、- 键，修调程序中编制的主轴速度。按 100% 键(指示灯亮)，主轴修调倍率被置为 100%，按一下 + 键，主轴修调倍率递增 5%；按一下 - 键，主轴修调倍率递减 5%
6	快速修调	自动或 MDI 方式下，可用快速修调右侧的 100% 键和 + 键、- 键，修调 G00 快速移动时系统参数"最高快速度"设置的速度。按 100% 键(指示灯亮)，快速修调倍率被置为 100%；按 + 键，快速修调倍率递增 10%；按 - 键，快速修调倍率递减 10%
7	进给修调	自动或 MDI 方式下，当 F 代码的进给速度偏高或偏低时，可用进给修调右侧的 100% 键和 + 键、- 键，修调程序中编制的进给速度。 按 100% 键(指示灯亮)，进给修调倍率被置为 100%；按 + 键，主轴修调倍率递增 10%；按 - 键，主轴修调倍率递减 10%

(续)

序号	名 称	功 能 说 明
8	增量值选择键	在增量运行方式下,用来选择增量进给的增量值。 为 0.001mm。 为 0.01mm。 为 0.1mm。 为 1mm。 各键互锁,当按下其中一个时(该键左上方的指示灯亮),其余各键失效(指示灯灭)
9	主轴旋转键	用来开启和关闭主轴。 ：按下该键,主轴正转。 ：按下该键,主轴停转。 ：按下该键,主轴反转
10	"刀位选择"键	在手动方式下,按该键选择刀位,刀位号显示在屏幕上
11	"刀位转换"键	在手动方式下,按一下该键,刀架转动一个刀位
12	"超程解除"键	当机床运动到达行程极限时,会出现超程,系统会发出警告音,同时紧急停止。要退出超程状态,可按下"超程解除"键(指示灯亮),再按与刚才相反方向的坐标轴键
13	"空运行"键	在自动方式下,按下该键(指示灯亮),程序中编制的进给速率被忽略,坐标轴以最大快移速度移动
14	"程序跳段"键	自动加工时,系统可跳过某些指定的程序段。如在某程序首加上"/",且面板上按下该开关,则在自动加工时,该程序段被跳过不执行;而当释放此开关时,"/"不起作用,该段程序被执行
15	"选择停"键	选择停
16	"机床锁住"键	用来禁止机床坐标轴移动。显示屏上的坐标轴仍会发生变化,但机床停止不动

23

3.2　手动操作

3.2.1　返回机床参考点

进入系统后首先应将机床各轴返回参考点。操作步骤如下：

(1) 按下"回参考点"键 ▓ (指示灯亮)。

(2) 按下"+X"键，X轴立即回到参考点。

(3) 按下"+Z"键，使Z轴返回参考点。

3.2.2　手动移动机床坐标轴

1. 点动进给

(1) 按下"手动"键(指示灯亮)，系统处于点动运行方式。

(2) 选择进给速度。

(3) 按住"+X"或"-X"键(指示灯亮)，X轴产生正向或负向连续移动；松开"+X"或"-X"键(指示灯灭)，X轴减速并停止。

(4) 依同样方法，按下"+Z"、"-Z"键，使Z轴产生正向或负向连续移动。

2. 点动快速移动

在点动进给时，先按下"快进"键，然后再按坐标轴键，则该轴将产生快速运动。

3. 点动进给速度选择

进给速率为系统参数"最高快移速度"的 1/3 乘以进给修调选择的进给倍率。快速移动的进给速率为系统参数"最高快移速度"乘以快速修调选择的快移倍率。

进给速度选择的方法为：

(1) 按下进给修调或快速修调右侧的"100%"键(指示灯亮)，进给修调或快速修调倍率被置为 100%。

(2) 按下"+"键，修调倍率增加 10%，按下"-"键，修调倍率递减 10%。

4. 增量进给

(1) 按下"增量"键(指示灯亮)，系统处于增量进给运行方式。

(2) 按下增量倍率键(指示灯亮)。

(3) 按下"+X"或"-X"键，X轴将向正向或负向移动一个增量值。

(4) 按下"+Z"、"-Z"键，使Z轴向正向或负向移动一个增量值。

5. 增量值选择

增量值的大小由选择的增量倍率键来决定。增量倍率键有 4 个挡位：×1、×10、×100、×1000。增量倍率键和增量值的对应关系见表 3-3。例如当系统在增量进给运行方式下、增量倍率按键选择的是"×1"键时，则每按一下坐标轴，该轴移动 0.001mm。

表 3-3 增量倍率键和增量值的对应关系

增量倍率键	×1	×10	×100	×1000
增量值/mm	0.001	0.01	0.1	1

3.2.3 手动控制主轴

1. 主轴正反转及停止
(1) 确保系统处于手动方式下。
(2) 设定主轴转速。
(3) 按下"主轴正转"键(指示灯亮)，主轴以机床参数设定的转速正转。
(4) 按下"主轴反转"键(指示灯亮)，主轴以机床参数设定的转速反转。
(5) 按下"主轴停止"键(指示灯亮)，主轴停止运转。

2. 主轴速度修调

主轴正转及反转的速度可通过主轴修调调节：
(1) 按下主轴修调右侧的"100%"键(指示灯亮)，主轴修调倍率被置为 100%。
(2) 按下"+"键，修调倍率增加 10%；按下"-"键，修调倍率递减 10%。

3.3 刀位选择、转换和机床的锁定

确保系统处于手动方式下，进行如下操作：
(1) 按下"刀位选择"键，选择所使用的刀，这时显示窗口右下方的"辅助机能"里会显示当前所选中的刀号。例如，图 3-5 中选择的刀号为 ST01。
(2) 按下"刀位转换"键，转塔刀架转到所选到的刀位。
(3) 机床锁住：在手动运行方式下，按下"机床锁住"键，再进行手动操作，系统执行命令，显示屏上的坐标轴位置信息变化，但机床不动。

图 3-5 刀号

3.4 MDI 运行

3.4.1 进入 MDI 运行方式

(1) 在系统控制面板上，按下菜单键中左数第 4 个按键——"MDI F4"键，图 3-6 为进入 MDI 功能子菜单。

| 自动加工 F1 | 程序编辑 F2 | 故障诊断 F3 | MDI F4 | | 帮助信息 F7 | 显示方式 F9 | 扩展功能 F10 |

图 3-6 MDI 功能子菜单

(2) 在 MDI 功能子菜单下，按下左数第 6 个按键——"MDI 运行 F6"键，进入 MDI 运行方式，如图 3-7 所示。

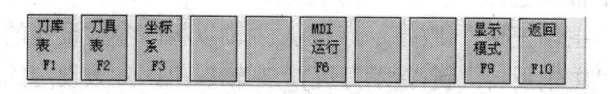

| 刀库表 F1 | 刀具表 F2 | 坐标系 F3 | | | MDI 运行 F6 | | 显示模式 F9 | 返回 F10 |

图 3-7 MDI 运行方式

(3) 这时就可以在 MDI 一栏后的命令行内输入 G 代码指令段。

3.4.2 输入 MDI 指令段

有两种输入方式：

(1) 一次输入多个指令字。

(2) 多次输入，每次输入一个指令字。

例如，要输入"G00 X100 Z1000"，可以：

(1) 直接在命令行输入"G00 X100 Z 1000"，然后按 Enter 键，这时显示窗口内 X、Z 值分别变为 100、1000。

(2) 在命令行先输入"G00"，按 Enter 键，显示窗口内显示"G00"；再输入"X100"按 Enter 键，显示窗口内 X 值变为 100；最后输入"Z 1000"，然后按 Enter 键，显示窗口内 Z 值变为 1000。

在输入指令时，可以在命令行看见当前输入的内容，在按 Enter 键之前发现输入错误，可用 BS 键将其删除；在按了 Enter 键后发现输入错误或需要修改，只需重新输入一次指令，新输入的指令就会自动覆盖旧的指令。

3.4.3 运行 MDI 指令段

输入完成一个 MDI 指令段后，按下操作面板上的"循环启动"键，系统就开始运行所输入的指令。

3.5 自动运行操作

3.5.1 进入程序运行菜单

(1) 在系统控制面板下，按下"自动加工 F1"键，进入程序运行子菜单，如图 3-2 所示。
(2) 在程序运行子菜单下，可以自动运行零件程序，如图 3-3 所示。

3.5.2 选择运行程序

按下"程序选择 F1"键，会弹出一个含有两个选项的菜单，如图 3-8 所示：磁盘程序、正在编辑的程序。

图 3-8 选择运行程序

(1) 当选择了"磁盘程序"时，会出现 Windows 打开文件窗口，用户在计算机中选择事先做好的程序文件，选中并按下窗口中的"打开"键将其打开，这时显示窗口会显示该程序的内容。
(2) 当选择了"正在编辑的程序"，如果当前没有选择编辑程序，系统会弹出提示框，说明当前没有正在编辑的程序，否则显示窗口会显示正在编辑的程序的内容。

3.5.3 程序校验

(1) 打开要加工的程序。
(2) 按下机床控制面板上的"自动"键，进入程序运行方式。
(3) 在程序运行子菜单下，按"程序校验 F3"键，程序校验开始。
(4) 如果程序正确，校验完成后，光标将返回到程序头，并且显示窗口下方的提示栏显示提示信息，说明没有发现错误。

27

3.5.4 启动自动运行

(1) 选择并打开零件加工程序。
(2) 按下机床控制面板上的"自动"键(指示灯亮),进入程序运行方式。
(3) 按下机床控制面板上的"循环启动"键(指示灯亮),机床开始自动运行当前的加工程序。

3.5.5 单段运行

(1) 按下机床控制面板上的"单段"键(指示灯亮),进入单段自动运行方式。
(2) 按下"循环启动"键,运行一个程序段,机床就会减速停止,刀具、主轴均停止运行。
(3) 再按下"循环启动"键,系统执行下一个程序段,执行完成后再次停止。

3.6 程序编辑和管理

3.6.1 进入程序编辑菜单

(1) 在系统控制面板下,按下"程序编辑 F2"按键,进入编辑功能子菜单,如图 3-2 所示。
(2) 在"程序编辑"子菜单下,可对零件程序进行编辑等操作,如图 3-9 所示。

图 3-9 "程序编辑"子菜单

3.6.2 选择编辑程序

按下"选择编辑程序 F2"键,会弹出一个含有 3 个选项的菜单,如图 3-10 所示,磁盘程序、正在加工的程序、新建程序。

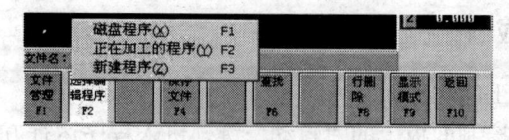

图 3-10 选择编辑的程序种类

(1) 当选择了"磁盘程序"时,会出现 Windows 打开文件窗口,用户在计算机中选择事先做好的程序文件,选中并按下窗口中的"打开"键将其打开,这时显示窗口会显示该程序的内容。

(2) 当选择了"正在加工的程序"，如果当前没有选择加工程序，系统会弹出提示框，说明当前没有正在加工的程序。否则显示窗口会显示正在加工的程序的内容。如果该程序正处于加工状态，系统会弹出提示，提醒用户先停止加工再进行编辑。

(3) 当选择了"新建程序"，这时显示窗口窗口的最上方出现闪烁的光标，这时就可以开始建立新程序了。

3.6.3 编辑当前程序

在进入编辑状态、程序被打开后，可以将控制面板上的按键结合计算机键盘上的数字和功能键来进行编辑操作。

(1) 删除：将光标落在需要删除的字符上，按计算机键盘上的 Delete 键删除错误的内容。

(2) 插入：将光标落在需要插入的位置，输入数据。

(3) 查找：按下菜单键中的"查找 F6"键，弹出对话框，在"查找"栏内输入要查找的字符串，然后按"查找下一个"，当找到字符串后，光标会定位在找到的字符串处。

(4) 删除一行：按"行删除 F8"键，将删除光标所在的程序行。

(5) 将光标移到下一行：按下控制面板上的上下箭头键。每按一下箭头键，窗口中的光标就会向上或向下移动一行。

3.6.4 保存程序

(1) 按下"选择编辑程序 F2"键。

(2) 在弹出的菜单中选择"新建程序"。

(3) 弹出提示框，询问是否保存当前程序，单击"是"按钮确认并关闭对话框。

3.7 数据设置

3.7.1 进入数据设置菜单

(1) 在系统控制面板上，按下菜单键中左数第 4 个按键——"MDI F4"键，进入 MDI 功能子菜单，如图 3-2 所示。

(2) 在 MDI 功能子菜单下，可以使用菜单键中的 "刀库表 F1"、"刀偏表 F2"、"刀补表 F3"和"坐标系 F4"来设置刀具、坐标系数据，如图 3-11 所示。

图 3-11 MDI 子菜单

3.7.2 设置刀库数据

(1) 按下"刀库表 F1"键，进入刀库设置窗口，如图 3-12 所示；

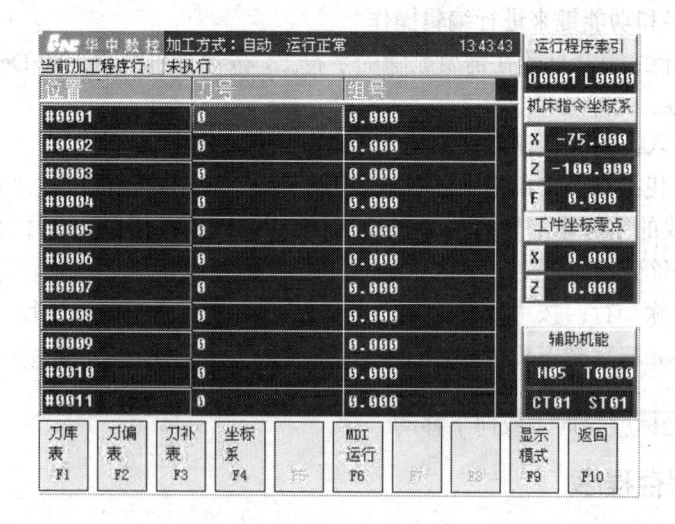

图 3-12 刀库设置

(2) 用鼠标选择要编辑的选项。
(3) 输入新数据，然后按 Enter 键确认。
(4) 按"返回 F10"键返回到上级菜单。

3.7.3 设置刀偏数据

(1) 按下"刀偏表 F1"键，进入刀偏设置窗口，如图 3-13 所示。
(2) 用鼠标选择要编辑的选项。
(3) 输入新数据，然后按 Enter 键确认。
(4) 完成设置后，按菜单键中的"返回 F10"键，返回 MDI 功能子菜单，以便进行其他数据的设置。

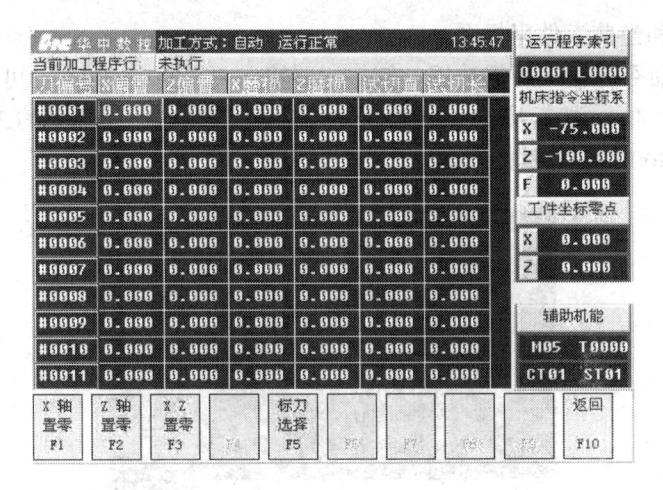

图 3-13 设置刀偏数据

3.7.4 设置刀补数据

(1) 按下"刀补表 F3"键，进入刀补设置窗口，如图 3-14 所示。

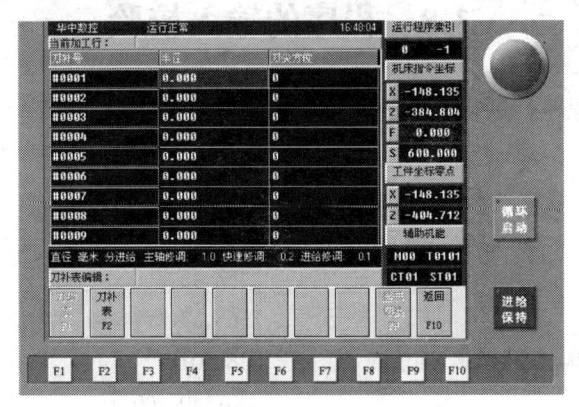

图 3-14 设置刀补数据

(2) 用鼠标选择要编辑的选项。
(3) 输入新数据，然后按 Enter 键确认。

3.7.5 设置工件坐标系

(1) 按下"坐标系 F4"键，进入手动输入工件坐标系方式，显示窗口首先显示 G54 坐标系数据。
(2) 除了设置 G54 外，还可以通过屏幕下方的菜单条设置 G55、G56、G57、

31

G58、G59 和当前工件坐标系。

(3) 在命令行输入所需数据。例如，要输入"X200 Z300"，可以在命令行输入 X200 Z 300，然后按 Enter 键，这时显示窗口中 G54 坐标系的 X、Z 偏置分别为 200、300，如图 3-15 所示。

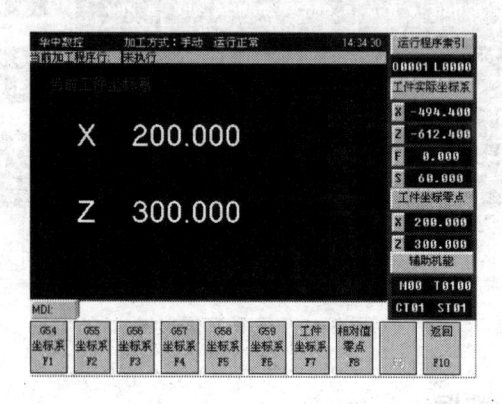

图 3-15 设置坐标系

3.8 程序的输入校验

输入以下程序，进行程序的校验和仿真加工。

%0006

G95

M03S500

T0101

G00X52Z2

G71U1R0.5P80Q180X0.5Z0.5F0.15

N80G00X0

G01Z0F0.1

X16

X19.8Z-2

Z-19.5

X30Z-24

Z-39

X48Z-43

Z-63.54

N180G01X52

G00X140Z200

M05

M30

项目4 外圆复合循环加工演示与实训

【实训目标】

(1) 外圆车削数控编程指令运用。
(2) 设计工件的装夹方案。
(3) 选择刀具与切削用量。
(4) 设计外圆加工走刀路线。
(5) 设置外圆车刀偏置。

阶梯轴实体如图4-1所示。

图4-1 阶梯轴实体图

【实训设备、辅具与材料】

(1) 数控车床加工仿真系统一套。
(2) 数控车床一台。
(3) 外圆车刀一把。
(4) ϕ36mm 尼龙棒一根。

4.1 加工实例

阶梯轴零件图如图4-2所示。

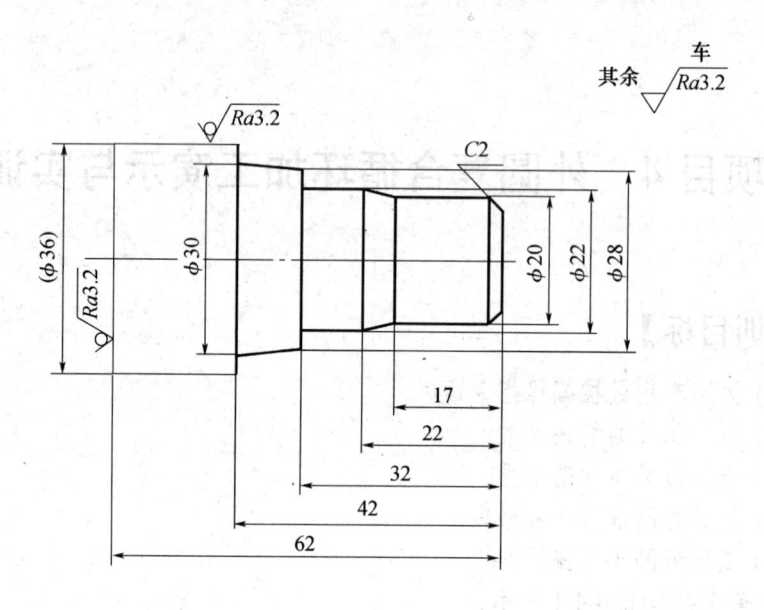

图 4-2 阶梯轴零件图

注：后文中，默认尺寸单位为 mm，不再一一标注。

4.2 工艺分析

在数控车削中，该零件加工精度要求较低，所有的几何尺寸公差均为未注公差，装夹定位用毛坯面装夹一次加工完成即可，刀具选择上注意刀具形状与加工表面相适应，详细的刀具几何形状特征及切削用量见表 4-1。

表 4-1 数控加工工序卡片

工步号	工步内容	刀具参数				切削用量		
		刀具号	刀具主偏角/(°)	刀尖角/(°)	刀尖半径	刀尖半径补偿号	S 功能/(r/min)	F 功能/(mm/r)	背吃刀量/mm
3	车端面	T0101	93	80	0.2	0	500	0.1	0.5
5	粗车外圆	T0101	93	80	0.2	0	500	0.2	2
10	精车外圆	T0101	93	80	0.2	0	800	0.05	0.1

刀具运行轨迹路线是本项目的重点，图 4-3 所示为数控车削加工走刀路线图，设 O 点为坐标原点，程序起始点 A 应远离工件以便工件的装夹和检测，端面切削起点①应前延切入，端面切削终点②应过轴线，③为切出即退出加工状

态，切削完成后刀具应返回到外圆加工程序循环起点④，从④~⑤采用外圆复合循环加工命令完成轮廓的粗车，外圆车削循环轮廓描述从点⑤开始，即前沿切入倒角起点，依次按顺序加工阶梯外圆及锥面，即④→⑤→⑥→⑦→⑧→⑨→⑩→⑪→⑫→④，加工结束后返回到程序起始点A。

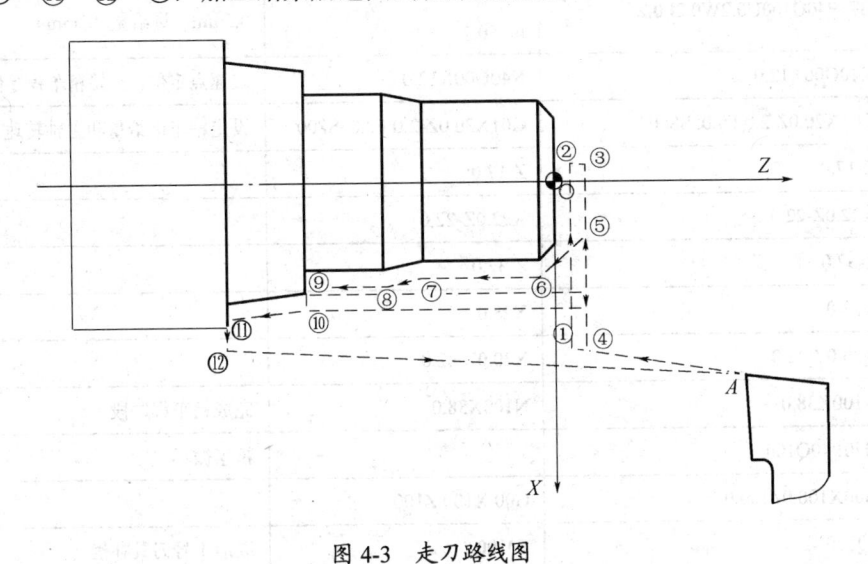

图 4-3 走刀路线图

4.3 加工程序

加工程序见表 4-2。

表 4-2 加工程序

FANUC Series 0i Mate-TC 系统程序	华中世纪星系统程序	注 释
%	%0813	程序开始
O0813		
	G95	进给速度单位为 mm/r
M03S500	M03S500	主轴正转 500r/min
T0101	T0101	调1号刀，刀具补偿号为1
G00X38Z0.0	G00X38Z0.0	快速点定位
G01X-4.0F0.1	G01X-4.0F0.1	车削右端面
G00Z2.0	G00Z2.0	快速点定位
X38.0	X38.0	快速定位至循环起点

35

(续)

FANUC Series 0i Mate-TC 系统程序	华中世纪星系统程序	注　释
G71U2R0.5	G71U2R0.5P40Q100X0.2Z0.2F0.2	粗车背吃刀量 2mm，退刀量 0.5mm，进给量 0.2mm/r
G71P40Q100U0.2W0.2F0.2		
N40G00X12.0	N40G00X12.0	快速点定位，开始精车程序段
G01X20.0Z-2.0 F0.05S800	G01X20.0Z-2.0 F0.05S800	设定精车进给量和主轴转速
Z-17.0	Z-17.0	
X22.0Z-22.0	X22.0Z-22.0	
Z-32.0	Z-32.0	
X28.0	X28.0	
X30.0Z-42.0	X30.0Z-42.0	
N100X38.0	N100X38.0	完成精车程序段
G70P40Q100		精车循环
G00X100.0Z100.0	G00 X100 Z100	
T0100	T0100	取消 1 号刀具补偿
M05	M05	停主轴
M30	M30	程序结束
%	%	

4.4　操作演示(华中世纪星数控系统)

1. 打开程序选择机床

单机版用户请双击计算机桌面上的 VNUC4.0 图标，或者从 Windows 的程序菜单中依次展开 legalsoft→VNUC4.0→单机版→VNUC4.0 单机版。

网络版的用户，需先打开服务器，然后在客户端的桌面上双击图标进入。或者从 Windows 的程序菜单中依次展开 legalsoft→VNUC4.0→网络版→VNUC4.0 网络版。不必输用户名和密码，直接单击快速登录进入。

进入后，从软件的主菜单里面"选项"中选择"选择机床和系统"，进入选择机床对话框，如图 4-4 所示，选择华中世纪星数控系统，机床面板选择华中数控标准面板(手轮)车床。

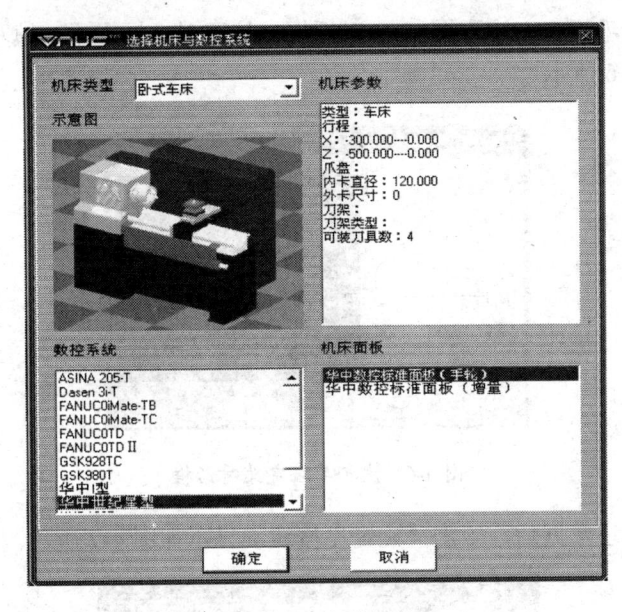

图 4-4 选择机床和系统

2. 机床回零点

弹开急停按钮⬤，在模式状态下面单击 回参考点 按钮，然后，就可以调节 Z 轴、X 轴的控制按钮 +Z 和 +X 进行回零了。

3. 安装工件

在菜单栏里面选择"工艺流程"→"毛坯"命令，出现图 4-5 对话框。

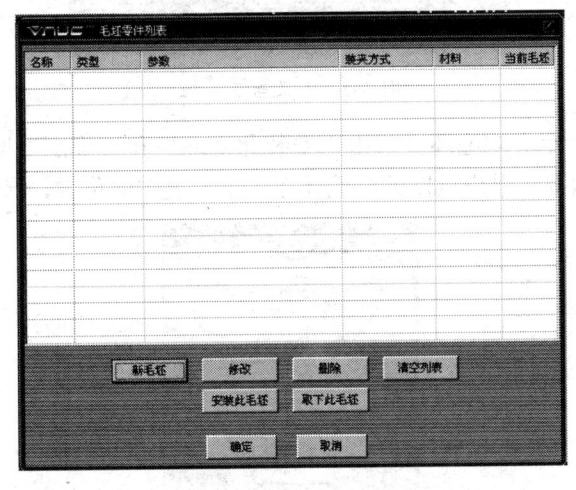

图 4-5 虚拟毛坯库

37

选择"新毛坯",出现图 4-6 对话框,按照对话框提示,填写工件要求的数值,如图4-6所示。

图 4-6 虚拟毛坯定义对话框

填写完毛坯数据后,单击"确定"按钮,显示如图 4-7 所示。

图 4-7 定义当前毛坯

选中上一步定义的毛坯,单击"安装此毛坯"和"确定"按钮即可。出现图 4-8 所示对话框,用户可以调整毛坯在三爪卡盘中的位置,最后关闭即可。

图 4-8 调整毛坯位置

4. 安装刀具

在菜单栏里选择"工艺流程",选择"车刀刀库",选择刀具,刀尖角为80°、主偏角为93°的车刀,同样方法,根据需要选择刀柄,如图4-9所示。

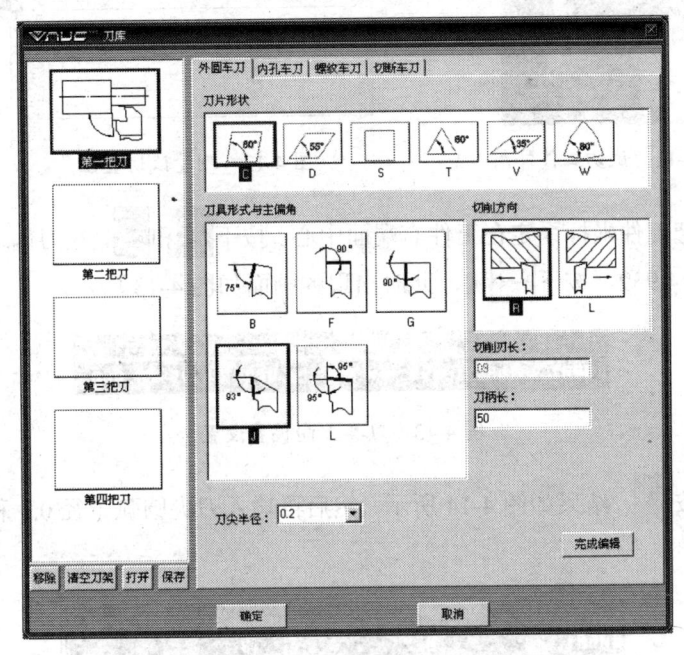

图4-9 定义车刀

5. 建立工件坐标系

首先,在 MDI 模式下输入指令 M03S500T0101,然后按下 [循环启动] 按钮,通过 [手动] 和 [增量] 状态,调节 [+Z] 和 [+X],先平一下端面,平完端面之后,将刀具沿着 X 轴的正方向退刀,再按下 [刀具补偿F4] 和 [刀偏表F1],在刀偏表的试切长度中输入 0.000 后按下 [Enter] 键,如图4-10所示。

刀偏号	X偏置	Z偏置	X磨损	Z磨损	试切直径	试切长度
#0001	0.000	-451.0	0.000	0.000	0.000	0.000

图4-10 设置Z向刀具偏置

然后试切工件外圆,将刀具沿着Z轴的正方向退刀,如图4-11所示。

在主菜单里面单击"工具"选项,打开"测量"工具,测量出试切毛坯直径 34.959,如图4-12所示。

39

图 4-11 试切工件外圆　　　　图 4-12 测量试切直径

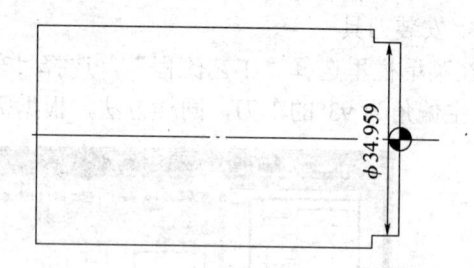

假设把工件坐标系定在工件右端面中心。按下 [刀具补偿F4] 和 [刀偏表F1]，在刀偏表的试切直径中输入 34.959，按下 [Enter] 键，此时出现的画面如图 4-13 所示。

刀偏号	X偏置	Z偏置	X磨损	Z磨损	试切直径	试切长度
#0001	-148.3	-451.0	0.000	0.000	34.959	0.000

图 4-13 刀具 X 向偏置设置

然后按 [刀补表F2]，结果如图 4-14 所示，然后再输入刀尖圆弧半径 0.2 和刀尖方位 3 即可。

刀补号	半径	刀尖方位
#0001	0.2	3

图 4-14 刀尖圆弧半径补偿设置

6. 编写和输入程序

首先，将控制面板调整到"手动"状态 [手动]，然后，按下 [选择程序F1] 和 [编辑程序F2] 手动输入编写好的程序即可。

7. 自动加工

此时检查"倍率"和"主轴转速"按钮后，单击 [自动] 或者 [单段] 按钮，最后开启"循环启动"按钮 [循环启动]，之后等待工件的生成。

4.5　加工实训

加工如图 4-15 所示的零件，毛坯直径 ϕ36mm，材料为尼龙棒，要求如下：
(1) 分析数控加工工艺，编制数控加工程序。
(2) 正确装夹工件毛坯。

(3) 正确装夹刀具。
(4) 操作机床，仿真加工图示零件。
(5) 完成实训报告。

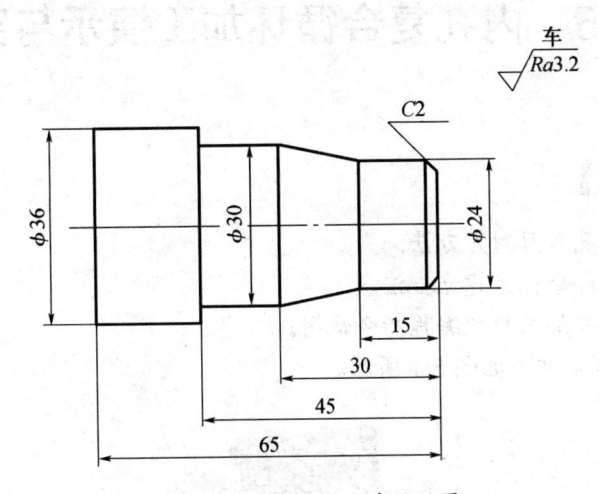

图 4-15 外圆加工同步练习图

项目5 内孔复合循环加工演示与实训

【实训目标】

(1) 掌握内孔车刀对刀方法。
(2) 掌握工件坐标系建立方法。
(3) 掌握内孔加工数控编程指令运用。

阶梯孔加工实体图如图 5-1 所示。

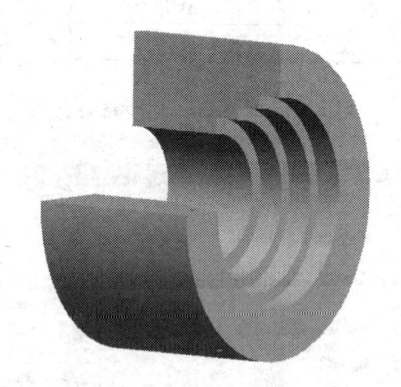

图 5-1 阶梯孔加工实体图

【实训仪器与设备】

(1) 数控车床加工仿真系统一套。
(2) 数控车床一台。
(3) 镗刀一把。
(4) 毛坯件为外径 ϕ60mm、内径 ϕ24mm 的管料，材料为 45 钢。

5.1 加工实例

阶梯孔加工零件图如图 5-2 所示。

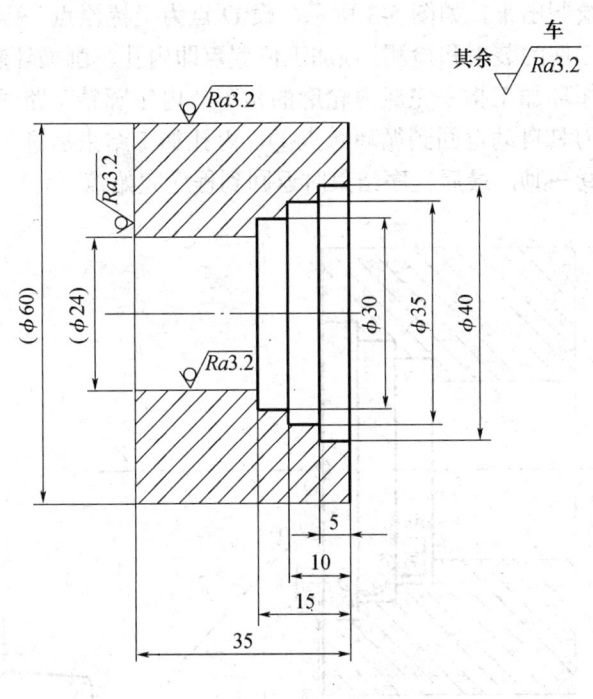

图 5-2 阶梯孔加工零件图

5.2 工艺分析

在内孔数控车削中，该零件加工精度要求较低，所有的几何尺寸公差均为未注公差，用毛坯面装夹一次加工完成即可，选择刀具时注意刀具形状与加工表面相应。加工采用一把内孔车刀完成粗精加工，刀具参数及工艺参数选择见表 5-1。

表 5-1 内圆车削数控加工工序卡片

工步号	工步内容	刀具参数					切削用量		
		刀具号	刀具主偏角/(°)	刀尖角/(°)	刀尖半径	刀尖半径补偿号	S功能/(r/min)	F功能/(mm/r)	背吃刀量/mm
5	粗车内孔	T0101	95	80	0.2	0	500	0.2	1
10	精车内孔	T0101	95	80	0.2	0	800	0.05	0.25

刀具运行轨迹路线是本项目的重点，应将刀具从程序起始点开始到结束的运行轨迹路线绘制出来，如图 5-3 所示，设 O 点为坐标原点，程序起始点 A 应远离工件以便工件的装夹和检测，预加工位置点即内孔车削循环起点①，从①~②用内圆复合循环加工指令完成内轮廓的粗车，内轮廓精车路线为②~⑧，车削循环结束后刀具自动返回到循环起点①，内孔加工结束后进行端面车削，其轨迹为从①→⑨→⑩，最后程序结束时返回到程序起始点 A。

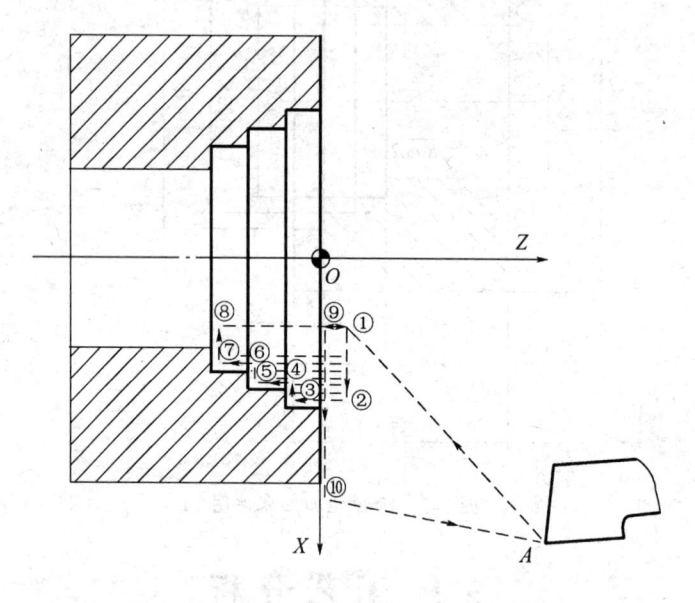

图 5-3 走刀路线图

5.3 加工程序

加工程序见表 5-2。

表 5-2 加工程序

FANUC Series 0i Mate-TC 系统程序	华中世纪星系统程序	注　释
%	%0817	程序名
O0817		
	G95	进给速度单位为 mm/r
M03S500	M03S500	主轴正转，转速为 500r/min

(续)

FANUC Series 0i Mate-TC 系统程序	华中世纪星系统程序	注　释
T0101	T0101	调1号刀,刀具补偿号为1
G00X23.00Z2.0	G00X23.00Z2.0	快速定位至循环起点
G71U1R0.5	G71U1R0.5P10Q20X-0.5Z0.5F0.2	粗车背吃刀量1mm,退刀量
G71P10Q20U-0.5W0.5F0.2		0.5mm,进给量0.2mm/r
N10G00X40.0	N10G00X40.0	快速点定位,开始精车程序段
G01Z-5.0 S800F0.05	G01Z-5.0 S800F0.05	设定精车进给量和主轴转速
X35.0	X35.0	
Z-10.0	Z-10.0	
X30.0	X30.0	
Z-15.0	Z-15.0	
N20X23.0	N20X23.0	完成精车程序段
G70P10Q20		精车循环
G01Z0	G01Z0	端面车削起点
X62.0	X62.0	端面车削终点
G00X100.0Z100.0	G00X100.0Z100.0	快速定位至换刀点
T0100	T0100	取消1号刀具补偿
M05	M05	停主轴
M30	M30	程序结束
%	%	

5.4　具体操作(FANUC Series 0i Mate-TC 数控系统)

1. 选择机床和数控系统

选择卧式车床,采用 FANUC Series 0i Mate-TC 数控系统,面板采用大连机床厂操作面板,如图5-4、图5-5所示。

2. 机床回零点

按下 □ 开关,弹开 ● 按钮,单击 [手动] 按钮,单击 [回零] 按钮,单击控制按钮 [+Z] 和 [+X] 回零,建立机床坐标系。

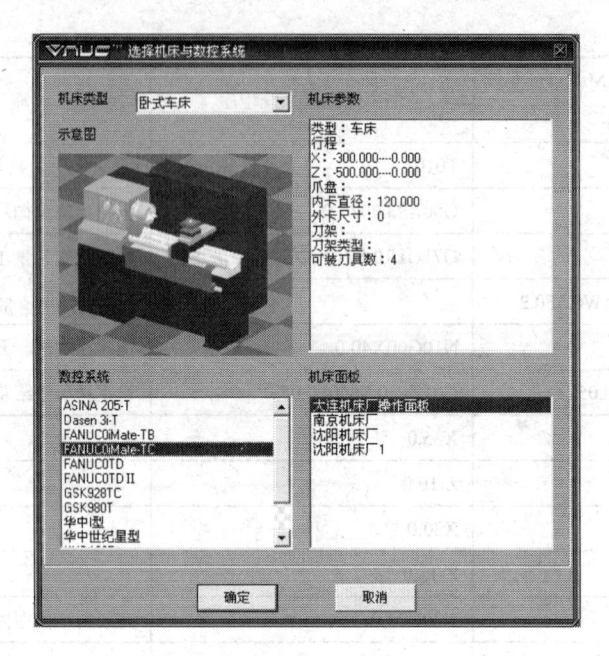

图 5-4 选择机床和数控系统

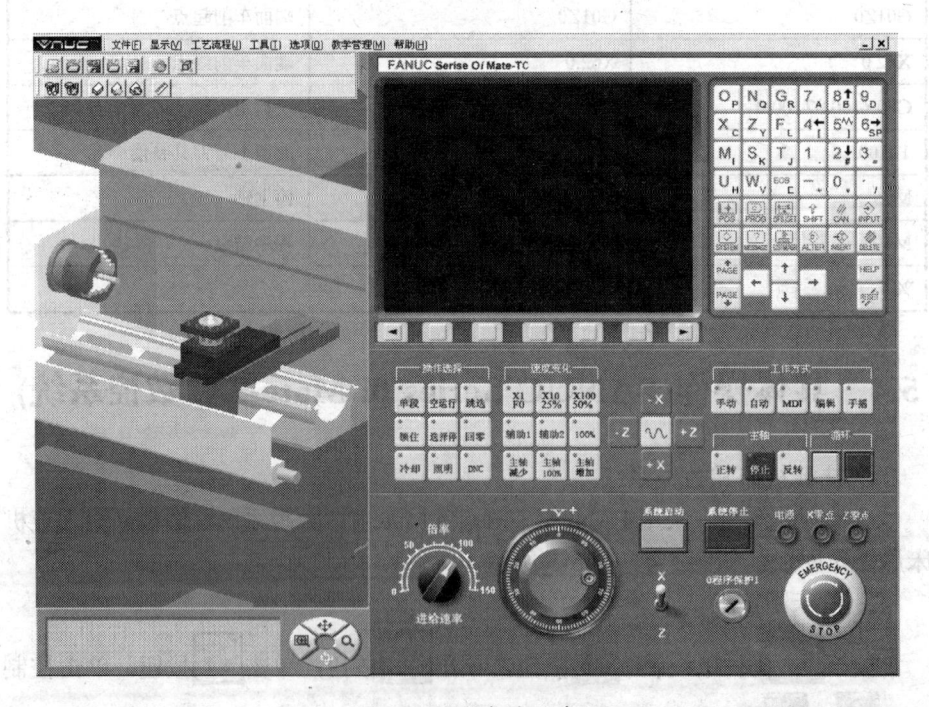

图 5-5 数控机床仿真

3. 安装毛坯

在菜单栏里选择"工艺流程",选择"毛坯",出现图 5-6 所示对话框,选择"新毛坯",调出图 5-7 对话框,按照对话框提示,填写毛坯的数值,单击"确定"按钮,在图 5-8 所示对话框单击"安装此毛坯",再次单击"确定"按钮,最后调出图 5-9 所示对话框,用户可以调整毛坯相对卡盘的伸出量,调整结束后关闭对话框,毛坯的装夹完成。

图 5-6 毛坯零件列表

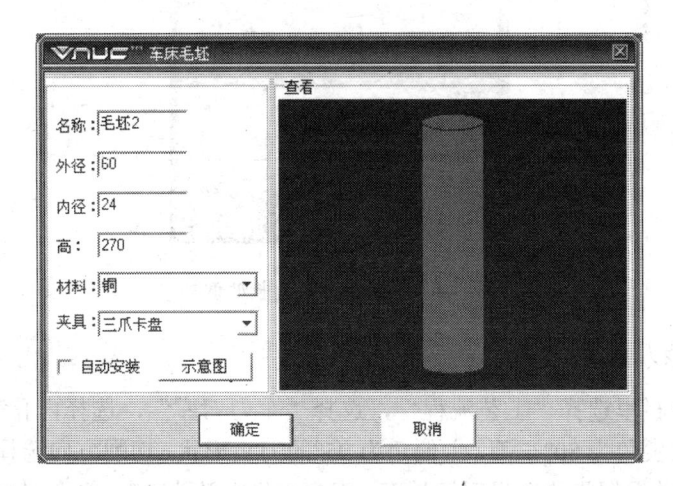

图 5-7 "车床毛坯定义"对话框

图 5-8 毛坯零件列表

图 5-9 毛坯伸出卡盘长度调整

4. 安装刀具

在菜单栏里选择"工艺流程",选择"车刀刀库",选择内孔车刀,刀片形状选择刀尖角为 80°车刀,主偏角为 95°的刀头形状,切削方向选择从右向左,即"R",并根据需要选择刀柄长度,刀尖半径默认为 0.2,符合图纸设计要求。刀具选择结果如图 5-10 所示。

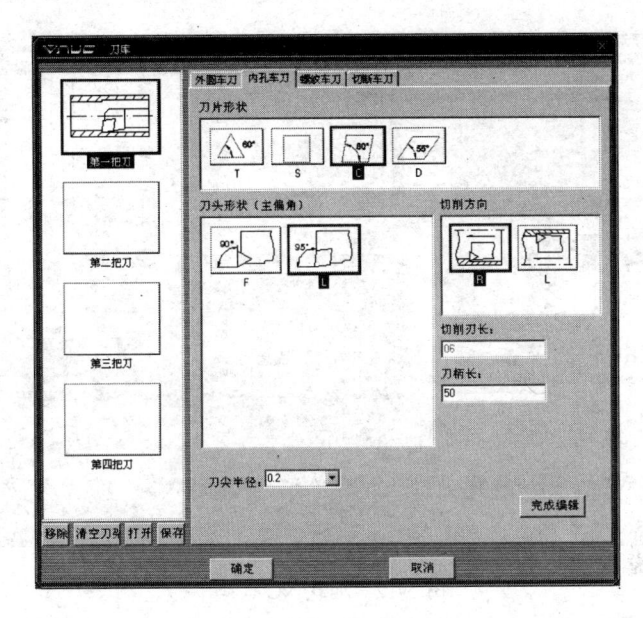

图 5-10 车刀规格选择

5. 建立工件坐标系

试切内孔孔口，得试切直径 23.613，进入工具补正/形状，输入 X23.613，按测量下边的软键，可得到 X 方向的刀具偏置，Z 向刀具偏置设置方法同外圆刀具。通过在程序中调用 T0101，即设定了工件坐标系，如图 5-11、图 5-12 所示。

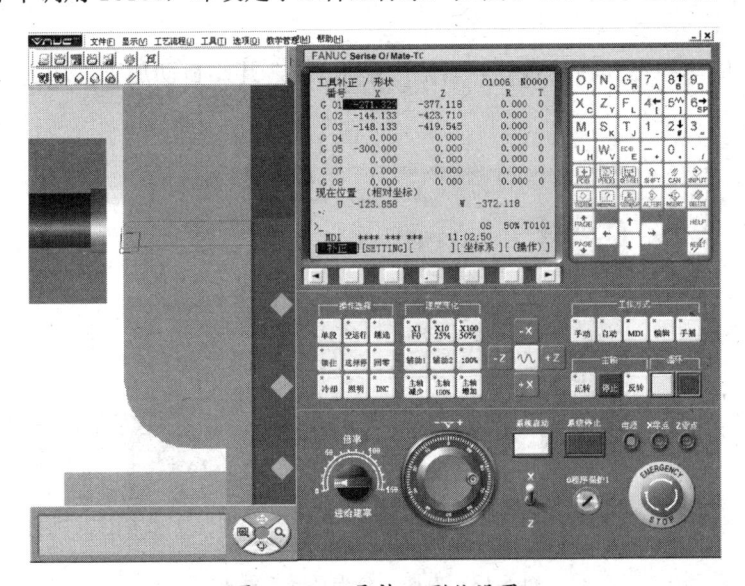

图 5-11 工具补正/形状设置

49

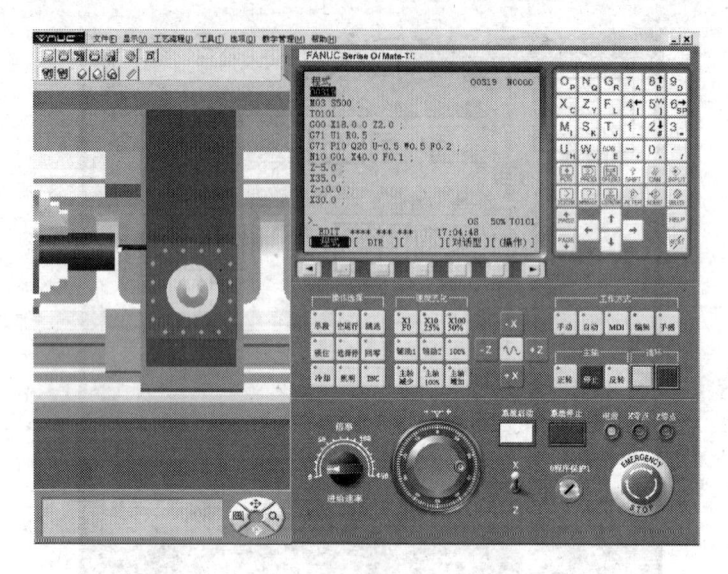

图 5-12 加载 NC 代码

6. 上传 NC 语言

首先，将控制面板调整到 编辑 状态，然后，选择"文件/加载 NC 代码文件"，到存放代码文件夹中查找代码文件(用户编写的程序，此代码文件路径是个人规定的)，找到文件后，双击，代码自动出现在液晶显示窗口中，如图 5-12 所示。

7. 自动加工

检查倍率和主轴转速按钮，开启 按钮，开始自动加工，加工结果如图 5-13 所示。

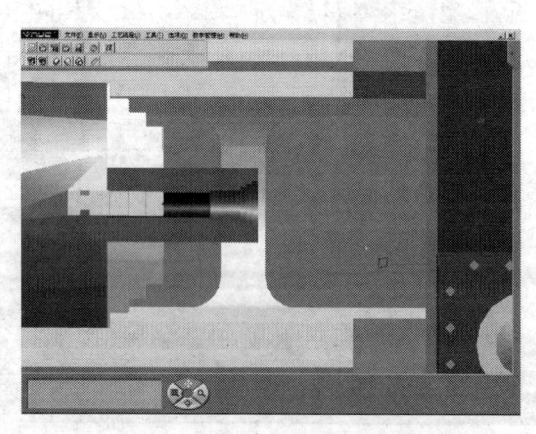

图 5-13 内圆复合循环加工结果

50

5.5 加 工 实 训

加工如图 5-14 所示的零件，毛坯外径 ϕ45mm，内径 ϕ20mm，材料为 45 钢，要求如下：

(1) 分析数控加工工艺。
(2) 编制数控加工程序。
(3) 加工仿真。
(4) 实际零件加工。
(5) 完成实训报告。

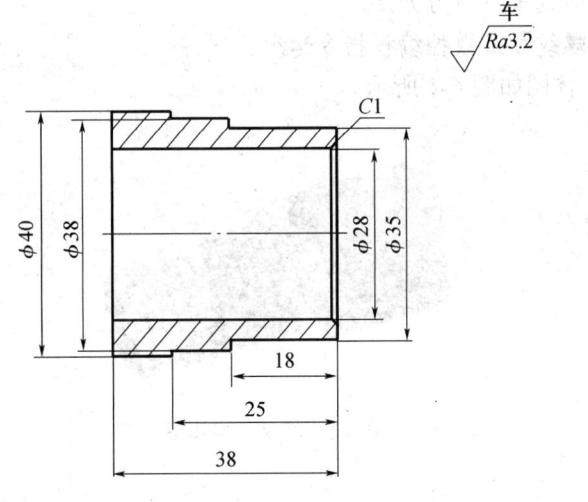

图 5-14 同步练习图

项目6　普通螺纹车削加工实训

【实训目标】

(1) 了解数控车削加工螺纹的加工原理。
(2) 掌握螺纹加工参数计算方法。
(3) 掌握螺纹车刀对刀方法。
(4) 掌握螺纹加工数控编程指令运用。

螺纹轴实体图如图6-1所示。

图6-1　螺纹轴实体图

【实训仪器与设备】

(1) 数控车床加工仿真系统一套。
(2) 数控车床一台。
(3) 外圆车刀一把，切槽刀一把，公制外螺纹车刀一把。
(4) 毛坯件为外径ϕ26mm的棒料，材料为尼龙棒。

6.1　加工实例

如图6-2所示零件，材料为尼龙棒，毛坯直径ϕ26mm，小批量生产，试分析其数控车削加工工艺过程。

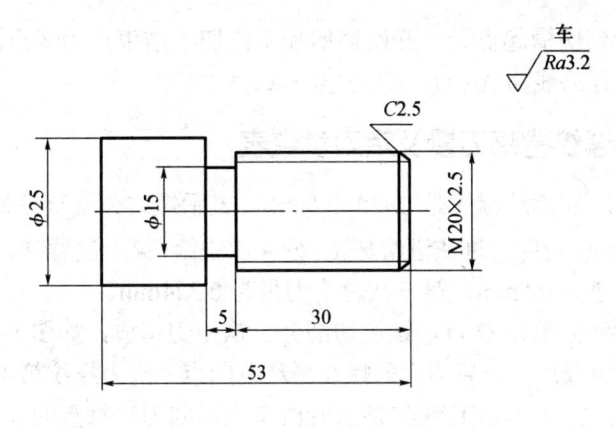

图 6-2 螺纹加工实例图

6.2 工艺分析

该零件比较简单，右端为 M20×2.5mm 的三角形螺纹、一个宽 5mm 的退刀槽，左端为 $\phi25$ 外圆。因此需要选择 3 把刀具，包括外圆车刀、车槽刀、螺纹车刀。

该零件加工螺纹前应首先进行螺纹外径车削，其次车削空刀槽，最后再进行螺纹车削。其中外径车削在项目 4 已详细介绍，在此不再赘述。本项目首先进行空刀槽加工刀具运行轨迹路线介绍，其次介绍螺纹加工刀具运行轨迹路线。

6.2.1 退刀槽车削工艺分析

退刀槽车削刀具切削刃宽度为 5，图 6-3 所示为在给定坐标系切槽刀具的运行路线，刀具从程序起始点 A 快速运动到预加工位置点①，加工方式由快进改

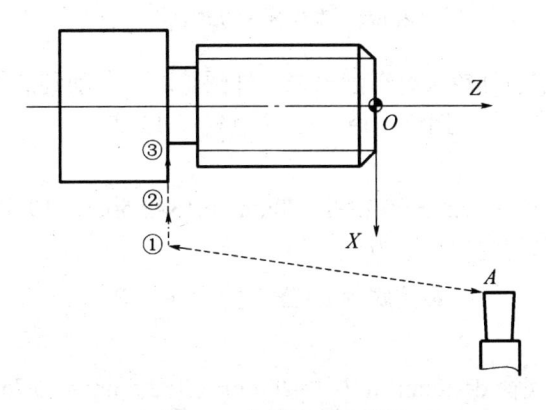

图 6-3 车槽走刀路线图

53

为工进，运行到切槽起点②，开始切槽加工，切槽结束点为③点，加工结束后原路返回，运行路线为 A→①→②→③→A。

6.2.2 普通螺纹背吃刀量及走刀参数表

零件图样中的螺纹标注是 M20×2.5mm，表示螺纹公称直径为 ϕ20mm，螺纹螺距为 2.5mm。采用直进法进给加工，分 4 次进给，第一次背吃刀量为 0.9mm，第二次背吃刀量为 0.5mm，第三次背吃刀量为 0.224mm。

设定工件坐标系为 O 点，螺纹切削分 3 次走刀车成，如图 6-4 所示，A 为程序起点，①为预加工位置点，即螺纹循环返回点，②为螺纹第 1 刀加工起点，③为螺纹第 1、2、3 刀加工终点(注意螺纹车削不同刀次终点的 X 坐标值不同)，④为螺纹第 2 刀加工起点，⑤为螺纹第 3 刀加工起点，由于本例螺纹加工指令选用 G92 指令，因此，在刀具运行到加工终点③时，自动先沿 X 方向退出，再沿 Z 向快速返回到螺纹循环起点①，按需进行下一次走刀，加工结束后返回到程序起点 A。

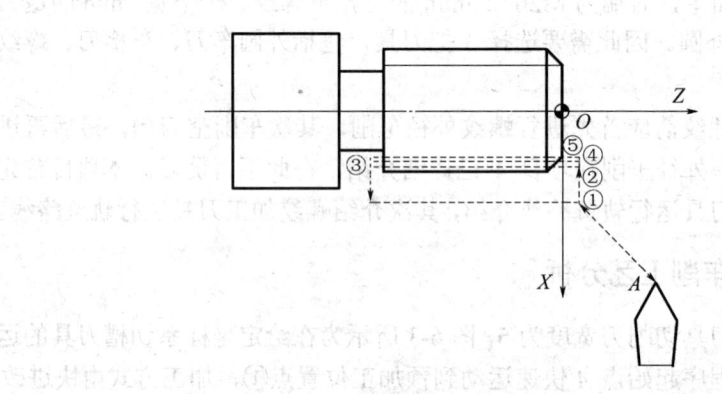

图 6-4 车螺纹走刀路线图

螺纹大径在车削外轮廓时车削出来，外圆轮廓应车削到的尺寸为

$$螺纹大径\ d=公称直径-0.13\times P$$

即

$$螺纹大径\ d=20mm-0.13\times P=20mm-0.13\times 2.5mm=19.675mm$$

螺纹底径应车削到的尺寸为

$$螺纹底径\ d=公称直径-1.3\times P$$

即

$$螺纹底径\ d=20mm-1.3\times P=20mm-1.3\times 2.5mm=16.75mm$$

螺纹加工参数见表 6-1。

表 6-1 螺纹加工参数

走刀次数	第一次	第二次	第三次	备注
普通螺纹，牙深=0.6495p=0.6495×2.5=1.624					
背吃刀量/mm	0.9	0.5	0.224	半径值
进刀段/mm	n×p/400=500×2.5/400=3.125			n 为主轴转速
退刀段/mm	n×p/1800=500×2.5/1800=0.694			p 为螺距
注：表中背吃刀量为半径值，背吃刀量及走刀次数根据工件材料及刀具的不同可酌情增减				

螺纹切削应注意事项：

(1) 主轴应指令恒转速(G97 指令) 切削螺纹时，为能加工到螺纹小径，车削时 X 轴的直径值是逐次减少，若使用 G96 恒线速度控制指令，则工件旋转时，其转速会随切削点直径减少而增加，这会使导程指定的值产生变动从而发生乱牙现象。

(2) 由于伺服电机由静止到匀速运动有一个加速过程，反之，则为降速过程。为防止加工螺纹螺距不均匀，车削螺纹之前后，必须有适当的进刀段和退刀段。

6.2.3 数控加工工艺序卡片

数据加工工序卡片见表 6-2。

表 6-2 数控加工工序卡片

工步号	工步内容	刀具参数				切削用量		
			刀具号	刀具主偏角/(°)	刀尖角	刀尖半径	刀尖半径补偿号	S 功能/(r/min)	F 功能/(mm/r)	背吃刀量/mm
5	车外圆	T0101	93	80°	0.2	0	500	0.2	0.5
10	车槽	T0202	90	刀宽 5mm	0.2	0	500	0.02	5
15	车螺纹	T0303	60	60°	0.1	0	500	2.5	见表 6-1

6.3 加工程序

加工程序见表 6-3。

表 6-3 加工程序

FANUC 0i Mate-TC 系统程序	华中世纪星系统程序	注　释
%	%0830	
O0830	G95	程序名
T0101	T0101	调 1 号刀
M03S500	M03S500	主轴正转，转速为 800r/min
G00X25.0Z5.0	G00X25.0Z5.0	ϕ25 外圆车削起点
G01Z-60.0F0.2	G01Z-60.0F0.2	车削外圆 ϕ25
X28.0	X28.0	径向退刀
G00Z5.0	G00Z5.0	快速返回至外圆车削循环起点
G90X24.0Z-35.0	G80X24.0Z-35.0	外圆车削第一次走刀循环
X23.0	G80X23.0Z-35.0	外圆车削第二次走刀循环
X22.0	G80X22.0Z-35.0	外圆车削第三次走刀循环
X21.0	G80X21.0Z-35.0	外圆车削第四次走刀循环
X19.675	G80X19.675Z-35.0	外圆车削第五次走刀循环
G00X100.0Z100.0	G00X100.0Z100.0	快速定位至换刀点，准备换刀
T0202	T0202	换第 2 号刀
G00X26.0Z-35.0	G00X26.0Z-35.0	快速走刀车槽加工预加工位置点
G01X15.0F0.05	G01X15.0F0.05	切槽终点
X26.0F0.2	X26.0F0.2	退刀
G00X100.0Z100.0	G00X100.0Z100.0	快速定位至换刀点，准备换刀
T0303	T0303	换第 3 号刀
G00X26.0Z5.0	G00X26.0Z5.0	快速定位至外螺纹加工循环起点
G92X18.2Z-33F2.5	G82X18.2Z-33F2.5	螺纹车削第一次走刀循环
X17.2	G82X17.2Z-33F2.5	螺纹车削第二次走刀循环
X16.75	G82X16.75Z-33F2.5	螺纹车削第三次走刀循环
G00X100.0Z100.0	G00X100.0Z100.0	快速定位至换刀点
M05	M05	停主轴
M30	M30	程序结束并返回到程序头
%		

6.4 加工实训

加工如图 6-5 所示的零件，毛坯直径 ϕ25mm，材料为 45 钢，要求如下：
(1) 分析数控加工工艺。
(2) 编制数控加工程序。
(3) 加工仿真。
(4) 实际零件加工。
(5) 完成实训报告。

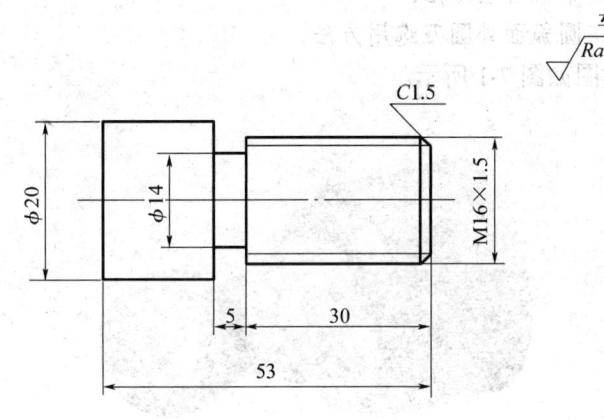

图 6-5 螺纹加工同步练习图

项目7　刀尖半径补偿加工实训

【实训目标】

(1) 掌握刀尖半径补偿方法。
(2) 掌握加工圆弧面外圆刀选用方法。
曲面轴实体图如图 7-1 所示。

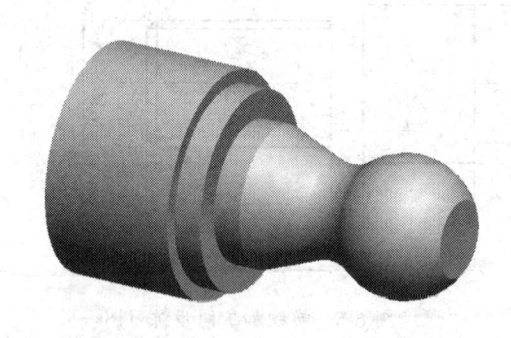

图 7-1　曲面轴实体图

【实训仪器与设备】

(1) 数控车床加工仿真系统一套。
(2) 数控车床一台。
(3) 外圆车刀两把。
(4) 毛坯件为外径 ϕ80mm 棒料，材料为铝棒或尼龙棒料。

7.1　加工实例

加工如图 7-2 所示的工件，毛坯件为 ϕ80mm 的铝棒或尼龙棒棒料。

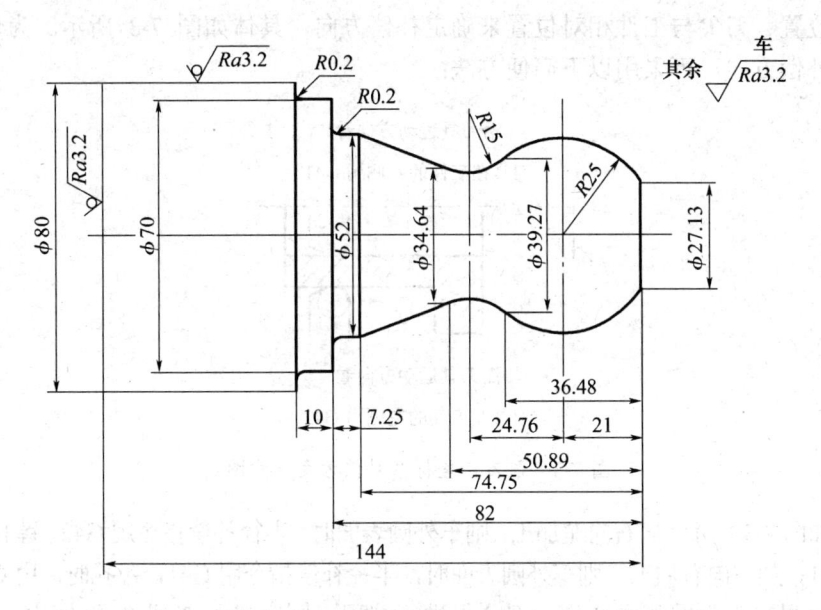

图 7-2 曲面轴零件图

7.2 工艺分析

加工采用两把刀具,第一把刀具完成外圆表面粗精加工,圆弧及锥面部分按 $\phi52$ 加工;第二把刀具完成圆弧及锥面部分加工。其中圆弧及锥面部分的加工采用 G73 指令。刀具参数及工艺参数选择见表 7-1。

表 7-1 数控加工工序卡片

工步号	工步内容	刀具参数					切削用量		
^	^	刀具号	刀具主偏角/(°)	刀尖角/(°)	刀尖半径	刀尖半径补偿号	S功能/(r/min)	F功能/(mm/r)	背吃刀量/mm
5	粗车外圆	T0101	93	80	0.2	0	500	0.2	1.0
10	精车外圆	T0101	93	80	0.2	0	800	0.05	1.0
15	粗车圆弧	T0202	93	35	1.2	0	500	0.2	2.0
20	精车圆弧	T0202	93	35	1.2	3	800	0.05	1.0

本项目采用的刀具刀尖圆弧半径为 $R1.2$,因此在加工过程中应考虑采用数控系统的刀尖圆弧自动补偿功能。刀尖圆弧半径补偿是通过 G41、G42、G40 代码及 T 代码指定的假想刀尖号加入或取消的,应用刀尖半径补偿,必须根据

刀架位置、刀尖与工件相对位置来确定补偿方向，具体如图 7-3 所示。为快速判断补偿方向，可采用以下简便方法：

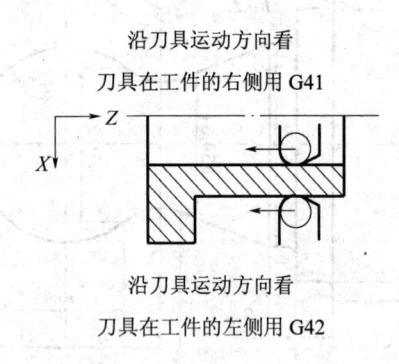

沿刀具运动方向看
刀具在工件的右侧用 G41

沿刀具运动方向看
刀具在工件的左侧用 G42

图 7-3　前刀座坐标系补偿方向示意图

如图 7-3 所示，从右向左加工，则车外圆表面时，半径补偿指令用 G42，镗孔时，用 G41；从左向右加工，则车外圆表面时，半径补偿指令用 G41，镗孔时，用 G42。

如果以刀尖圆弧中心作为刀位点进行编程，则应选用 0 或 9 作为刀尖方位号，其他号都是以假想刀尖编程时采用的。图 7-4 所示为车刀刀尖方位示意图，十字代表刀尖圆弧中心，只有在刀具数据库内按刀具实际放置情况设置相应的刀尖方位代码，才能保证对它进行正确的刀补；否则，将会出现不合要求的过切和少切现象。在本例中，1 号刀进行外圆的粗精车，不进行刀尖半径补偿，因此在表 7-1 中，其刀尖半径补偿号为 0，2 号刀专门进行圆弧面及锥面车削，且刀尖半径为 $R1.2$，因此刀尖半径补偿号应为 3。

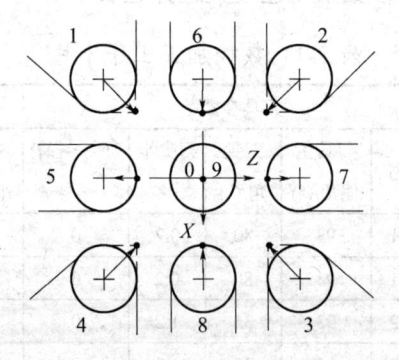

图 7-4　前刀座坐标系车刀刀尖方位示意图

使用刀尖半径补偿功能时应注意下列几点：

(1) 刀尖半径补偿只能在 G00 或 G01 的运动中建立或取消。即 G41、G42 和 G40 指令只能和 G00 或 G01 指令一起使用，且当轮廓切削完成后要用指令

60

G40 取消补偿。另外，刀具建立与取消轨迹的长度距离还必须大于刀尖半径补偿值，否则，系统会产生刀具补偿无法建立的情况。

(2) 工件有锥度或圆弧时，必须在精车锥度或圆弧前一程序段建立半径补偿，一般在切入工件时的程序段建立半径补偿。

(3) 当执行 G71～G76 固定循环指令，在循环过程中，不执行刀尖半径补偿，暂时取消刀尖半径补偿，在后面程序段中的 G00、G01、G02、G03 和 G70 指令，CNC 会将补偿模式自动恢复。

(4) 建立刀尖半径补偿后，在 Z 轴的移动量必须大于其刀尖半径值；在 X 轴的移动量必须大于两倍刀尖半径值，这是因为 X 轴用直径值表示的缘故。

(5) 在程序运行之前，要在"刀具偏置"界面中输入相应刀补号的刀尖半径及刀尖方位号，并在数控加工程序中运用刀具补偿指令调用或取消刀具补偿功能。

7.3 加工程序

加工程序见表 7-2。

表 7-2 加工程序

FANUC Series 0i Mate-TC 系统程序	HNC-21T 华中世纪星系统程序	注　释
%	%0830	程序开始，程序名为 0830
O0830		
	G95	进给速度单位为 mm/r
M03S500	M03S500	主轴正为 500r/min
T0101	T0101	调 1 号刀，刀具补偿号为 1
G00X82.0Z5.0	G00X82.0Z5.	定位到循环起点
G71U1R1	G71U1R1P10Q20X2.0Z0.F0.2	粗车背吃刀量 1mm，退刀量 1mm，进给量 0.2mm/r
G71P10Q20U2F0.2		
N10G00X52.0	N10G00X52.0	快速点定位，开始精车程序段
G01Z-82.0F0.05S800	G01Z-82.0F0.05S800	设定精车进给量和主轴转速
X70.0	X70.0	
Z-92.0	Z-92.0	
X80.0	X80.0	

(续)

FANUC Series 0i Mate-TC 系统程序	HNC-21T 华中世纪星系统程序	注 释
Z-140.0	Z-140.0	
N20X82.0	N20X82.0	完成外圆精车程序段
G70P10Q20		精车循环
G00X100.0Z100.0	G00X100.0Z100.0	
T0202	T0202	
G00X58.0Z2.0	G00X58.0Z2.0	定位到循环起点
G73U12R6	G73U12R6P100Q200X2.0Z0F0.2	粗车 X 方向退刀量的距离为 12mm，粗车重复次数为 6，进给量 0.2mm/r
G73P100Q200U2F0.2		
N100G42G01X19.6F0.05S800	N100G42G01X19.6 F0.05S800	刀尖半径左补偿，开始精车段
G03X39.27Z-36.48R25	G03X39.27Z-36.48R25	
G02X34.64Z-50.89R15	G02X34.64Z-50.89R15	
G01X52Z-74.75	G01X52Z-74.75	
N200G40X55	N200 G40X55	完成轮廓精车程序段
G70P100Q200		精车循环
G00X100.0Z100.0	G00X100.0Z100.0	快速定位至换刀点
M05	M05	主轴停转
M30	M30	程序结束并返回到程序头
%	%	

7.4 加工实训

加工如图 7-5 所示的零件，毛坯直径 ϕ45mm，材料为 45 钢，要求如下：
(1) 分析数控加工工艺。
(2) 编制数控加工程序。
(3) 加工仿真。
(4) 实际零件加工。
(5) 完成实训报告。

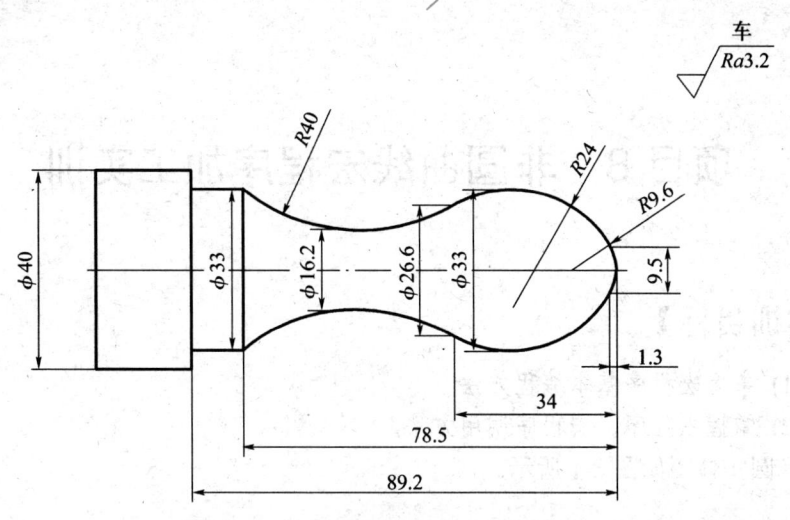

图 7-5 刀尖半径补偿加工同步练习图

项目8 非圆曲线宏程序加工实训

【实训目标】

(1) 掌握宏程序基本编程方法。
(2) 掌握主程序、宏程序调用方法。

椭圆实体图如图 8-1 所示。

图 8-1 椭圆实体图

【实训仪器与设备】

(1) 数控车床加工仿真系统(FANUC Series 0i Mate-TC)一套。
(2) 数控车床一台。
(3) 外圆车刀一把。
(4) 毛坯件为 ϕ50mm 棒料，材料为 45#钢。

8.1 宏程序编程概述

虽然调用子程序对编写具有相同加工操作的程序非常有用，但由于用户宏程序允许使用变量算术及条件转移，使得编写相同加工操作的程序更方便和容易，可将相同加工操作编为通用程序，使用时加工程序可用一条简单指令调出用户宏程序，与调用子程序完全一样。

1. 宏程序调用格式

格式：M98 P(宏程序号) L(调用次数)

说明：M98 为子程序调用指令。P(宏程序号)为被调用的宏程序代号。L(调用次数)为被调用的宏程序的调用次数。

2. 宏程序的编写格式

O××××(×代表一个数字，表示程序号)

#101=40

#102=23

#103=22

… …

M99

3. 宏变量

(1) 宏变量的表示方法，一个宏变量由#符号和变量号组成。如#i(i=1，2，3，…)。

(2) 变量的种类有空变量、当前局部变量、全局变量(公共变量)和系统变量4种，见表8-1。

表 8-1　宏变量种类表

变量号	变量类型	功　　能
#0	空变量	该变量总是空，没有值能赋给该变量
#1～#33	局部变量	局部变量只能用在宏程序中存储数据，例如，运算结果。当断电时，局部变量被初始化为空。调用宏程序时，自变量对局部变量赋值
#100～#199 #500～#999	公共变量	公共变量在不同的宏程序中的意义相同。当断电时，变量#100～#199 初始化为空，变量#500～#999 的数据保存，即使断电也不丢失
#1000-	系统变量	系统变量用于读和写 CNC 运行时的各种数据，例如，刀具的当前位置和补偿值

4. 算术和逻辑运算

表 8-2 列出的运算可以在变量中执行。运算符右边的表达式可包含常量和由函数或运算符组成的变量。表达式中的变量#j 和#k 可以用常数赋值。左边的变量也可以用表达式赋值。

表 8-2 算术和逻辑运算

功能	格式	备注
定义	#i=#j	
加法	#i=#j+#k;	
减法	#i=#j-#k;	
乘法	#i=#j*#k;	
除法	#i=#j/#k;	
正弦	#i=SIN[#j]	
反正弦	#i=ASIN[#j]	
余弦	#i=COS[#j]	角度以度指定。90°30′表示为 90.5°
反余弦	#i=ACOS[#j]	
正切	#i=TAN[#j]	
反正切	#i=ATAN[#j]	
平方根	#i=SQRT[#j]	
绝对值	#i=ABS[#j]	
舍入	#i=ROUND[#j]	
下取整	#i=FIX[#j]	
上取整	#i=FUP[#j]	
自然对数	#i=LN[#j]	
指数函数	#i=EXP[#j]	
或	#i=#jOR #k	
异或	#i=#jXOR #k	逻辑运算一位一位地按二进制数执行
与	#i=#jAND #k	

8.2 加工实例

如图 8-2 所示零件，材料为 45 钢，毛坯直径 ϕ50mm 棒料，小批量生产，试分析其数控车削加工工艺过程。

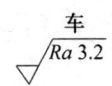

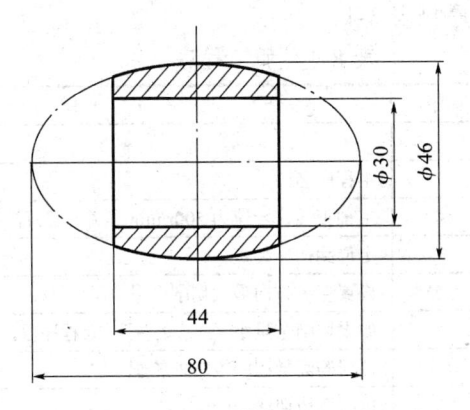

图 8-2 椭圆加工实训实例

8.3 工艺分析

如图 8-2 所示椭圆曲线数学表达式为

$$\frac{x^2}{23^2}+\frac{z^2}{40}=1$$

椭圆圆弧采用折线插补得到。在整个椭圆弧的加工过程中，首先设定 Z 向插补步长为 0.5mm；其次根据椭圆公式推导出插补变量表达式为

$$x=\frac{23\times\sqrt{40^2-z^2}}{40}$$

在实际加工过程中，仍然设椭圆右端面与 Z 轴线的交点为工件坐标系的原点，考虑工件加工余量及椭圆表面精度要求，整个加工程序分粗车和精车椭圆型面，其数控加工工序卡及加工程序见表 8-3 及表 8-4。

表 8-3 数控加工工序卡片

工步号	工步内容	刀具号	刀具主偏角/(°)	刀尖角/(°)	刀尖半径	刀尖半径补偿号	S功能/(r/min)	F功能/(mm/r)	背吃刀量/mm
5	粗车外圆	T0101	93	55	0.2	0	500	0.2	1
10	精车外圆	T0101	93	55	0.2	0	800	0.1	0.25

8.4 加工程序

椭球面车削参考程序见表8-4。

表8-4 加工程序

FANUC Series 0i Mate-TC 程序	注 释
%	
O0002	主程序名
S500M03T0101F0.2	主轴正转，转速为 500r/min，调 1 号刀，定义粗车切削用量
G0X51Z2	定位到循环起点
#150=11	设置直径方向最大切削余量
N20IF[#150LT1]GOTO40	如果切削余量小于1，跳转到 40 程序段，否则，顺序执行
M98P0003	调用椭圆子程序粗车外轮廓
#150=#150-2	每次双边切深 2mm
GOTO20	跳转到 N20 程序段
N40G0X51	退刀
Z2	
S800F0.1	定义精车切削用量
#150=0	设置直径方向切削余量为 0
M98P0003	调用椭圆子程序精车
G0X100Z50	退刀快速定位至换刀点
M05	停主轴
%	
%	
O0003	椭圆加工子程序名
T0101	调 1 号刀
#101=40	定义长半轴
#102=23	定义短半轴
#103=22	Z 向循环变量初值
N20IF[#103LT-22]GOTO50	如果循环变量小于-22，跳转到 50 程序段，否则，顺序执行
#104=SQRT[#101*#101-#103*#103]	定义中间变量
#105=23*#104/40	椭圆 X 坐标变量表达式
G1X[2*#105+#150]Z[#103-22]	椭圆插补
#103=#103-0.25	设定 Z 向插补步长为 0.25mm
GOTO20	返回到 20 程序段进行下一次插补
N50G0U20Z2	退刀
M99	子程序结束
%	

8.5 加工实训

加工如图 8-3 所示的零件，毛坯直径 ϕ65mm，材料为 45 钢，要求如下：

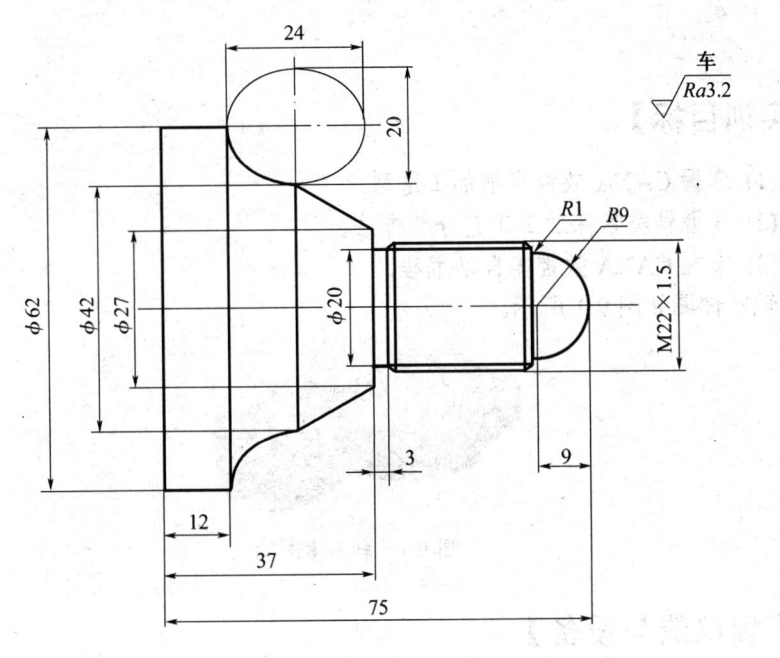

图 8-3 同步练习图

(1) 分析数控加工工艺。
(2) 编制数控加工程序。
(3) 加工仿真。
(4) 实际零件加工。
(5) 完成实训报告。

项目9 CAXA 数控车自动编程演示与实训

【实训目标】

(1) 掌握 CAXA 数控车削加工造型。
(2) 掌握轴类零件加工工艺分析方法。
(3) 掌握 CAXA 数控车自动编程。

轴实体图如图 9-1 所示。

图 9-1 轴实体图

【实训仪器与设备】

(1) CAXA 数控车床自动编程系统一套。
(2) 数控车床一台。
(3) CAXA 网络 DNC 系统一套。
(4) 车刀具体参数见表 9-1。
(5) 毛坯件为外径 ϕ50mm 棒料，材料为 45 钢。

9.1 加工实例

加工图 9-2 所示的零件(椭圆的长半轴为 40mm，短半轴为 20mm)。根据图纸尺寸及技术要求，完成下列内容：
(1) 完成该零件的车削加工造型(建模)。
(2) 对该零件进行加工工艺分析，填写数控加工工艺卡片。
(3) 根据工艺卡中的加工顺序，进行零件的轮廓粗/精加工、切槽加工和螺纹加工，生成加工轨迹。

(4) 进行机床参数设置和后置处理，生成 NC 加工程序。

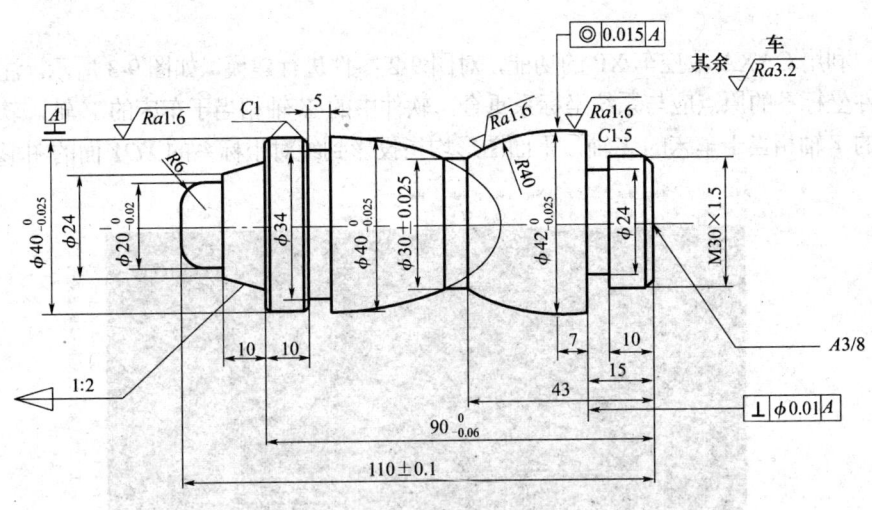

图 9-2 轴零件图

9.2 工艺分析

分析零件图样，可以看出零件外形比较复杂，并且需要调头装夹分别加工，故该工件的加工方法可以是：先夹持工件右端(长度不超过 60mm)以加工左端，然后调头装夹，加工右端，其工序见表 9-1。

表 9-1 数控加工工艺卡

工序	工序内容	刀具号	刀具主偏角/(°)	刀尖角/(°)	刀尖半径/mm	主轴转速/(r/mm)	进给速度/(mm/min)	背吃刀量/mm	备注
1	粗车外轮廓	01	80	80	0.2	1000	150	2	
2	精车外轮廓	02	80	80	0.2	1200	60	0.2	
3	车外沟槽	03	—	—	0	500	80	4	4mm(刀宽)
4	调头粗车外轮廓	01	90	55	0.2	1000	150	2	
5	精车外轮廓	02	90	55	0.2	1200	60	0.2	
6	车外沟槽	03	—	—	0	500	80	5	5mm(刀宽)
7	车外螺纹	04	60	60	0.1	500	1.5(mm/r)		M30x1.5

注：刀具规格所表示的参数为刀具主切削刃与工件旋转轴的夹角，切槽刀用切削刃宽度表示

71

9.3 加工造型

利用 CAXA 数控车 XP 的功能，对图 9-2 零件进行建模，如图 9-3 所示。注意工件坐标系的原点应与系统坐标系重合，软件中的 X 轴相当于车床的 Z 轴，软件中的 Y 轴相当于车床的 X 轴，平面图形均指投影到绝对坐标系的 XOY 面的图形。

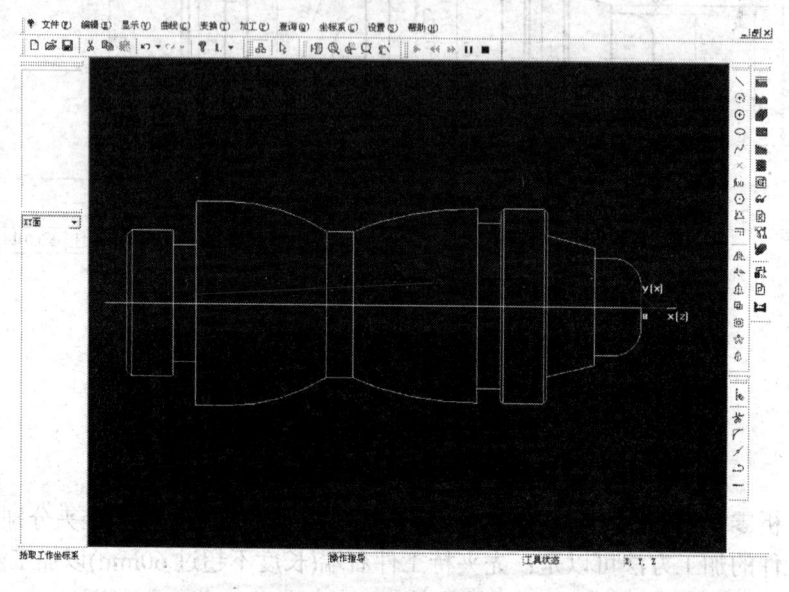

图 9-3 零件加工模型

9.4 左端加工

9.4.1 绘制工件左端和毛坯轮廓

一般来说在原造型图上修改，比重新绘制要快些。例如现在需要左端轮廓，可以先把图 9-3 的文件另存，然后绘制毛坯轮廓，即可得到左端加工造型，如图 9-4 所示。

9.4.2 粗车左端外轮廓

进行轮廓粗车操作时，要确定被加工轮廓和毛坯轮廓。被加工轮廓就是加工结束后的工件表面轮廓，而毛坯轮廓就是加工前毛坯的表面轮廓。作图时，一定要注意被加工表面轮廓和毛坯轮廓两端点必须相连，使得两轮廓共同构成一个封闭的加工区域，在此区域的材料将被去除。

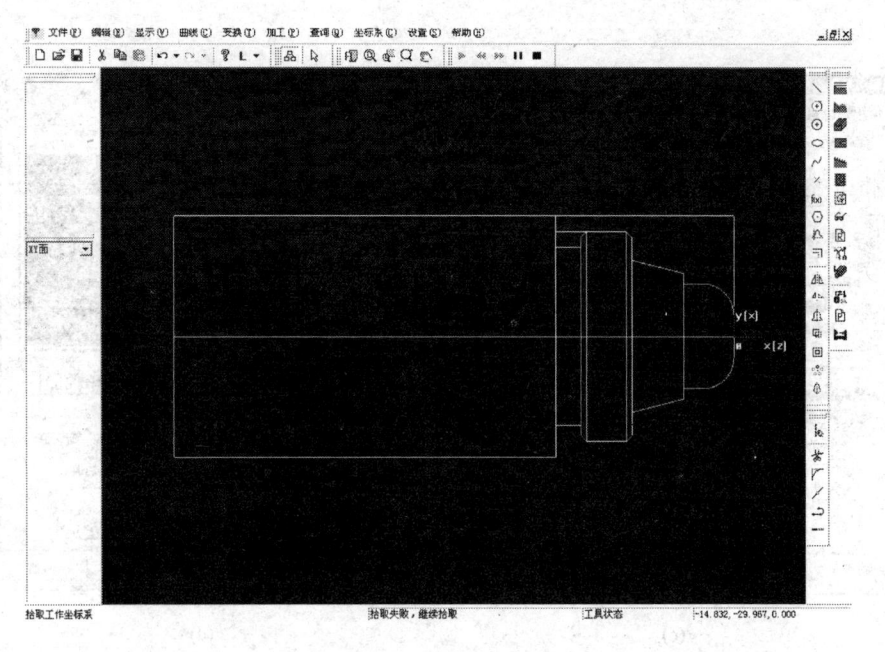

图 9-4　左端加工造型

1. 单击"轮廓粗车"按钮，填写粗车参数表

(1) 填写加工参数表，如图 9-5(a)所示。其中"加工余量"0.2，是留给精加工一次走刀的切削量(表 9-1)。

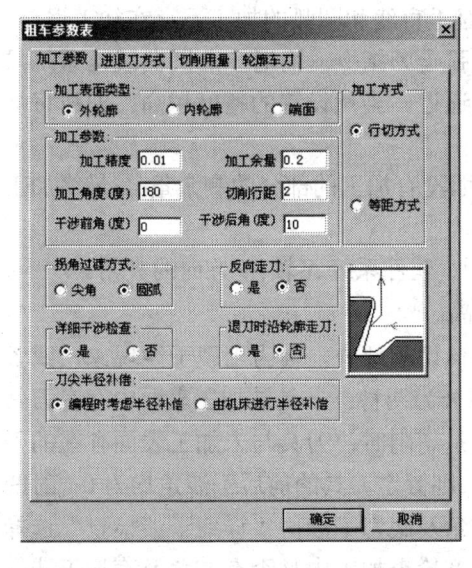

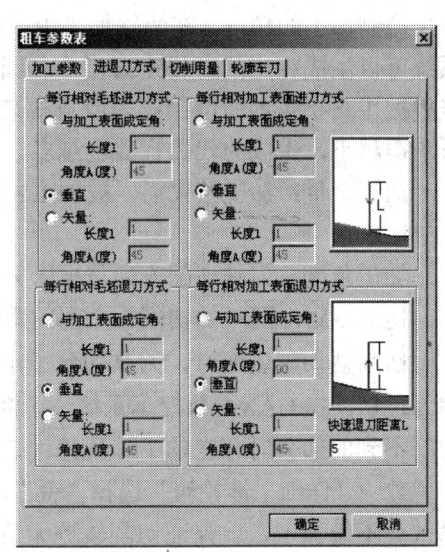

(a)　　　　　　　　　　　　(b)

(c)　　　　　　　　　　　　　　　　(d)

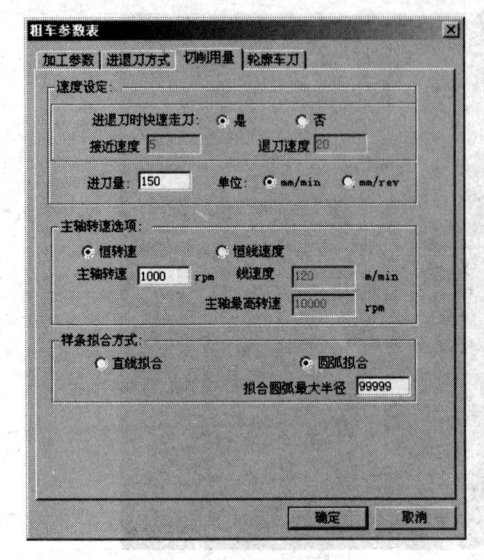

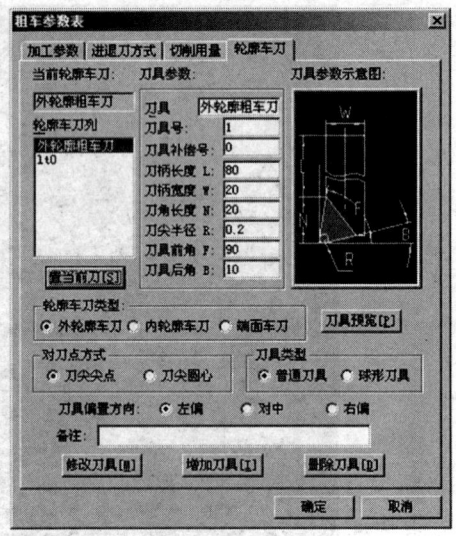

图 9-5　粗车参数表

(a) "加工参数"对话框；(b) "进退刀方式"对话框；
(c) "切削用量"对话框；(d) "轮廓车刀"对话框。

加工精度可以理解为刀具轨迹和加工模型的偏差。用户可通过控制加工误差来控制加工的精度。在两轴加工中，对于直线和圆弧的加工不存在加工误差，系统可以生成相应的直线走刀指令和圆弧走刀指令。而对于非圆曲线，系统只能根据用户指定的精度用圆弧或直线来逼近，当然设置的精度越高，曲线将被分割得越小，生成的代码行数也越多。

加工余量：加工结束后，被加工表面没有加工的部分的剩余量(与最终加工结果比较)。

加工角度：刀具切削方向与机床 Z 轴(软件系统 X 轴)正方向的夹角。

切削行距：两相邻切削行之间的距离。

切削被加工表面时，刀具切到了不该切的部分，称为出现干涉现象，或者称为过切。在 CAXA 数控车系统，干涉分为两种：一是被加工表面中存在刀具切削不到的部分时存在的干涉现象；二是切削时，刀具与未加工表面存在的干涉现象。"详细干涉检查"选择"否"，则假定刀具的前后干涉角均为 0，对凹槽部分不做加工，以保证切削轨迹无前角及底切干涉；"详细干涉检查"选择"是"，加工凹槽时，用定义的干涉角度检查加工中是否有前角及底切干涉，

74

并按定义的干涉角度生成无干涉的切削轨迹。

"拐角过渡方式"有"圆弧"和"尖角"两种方式。在切削的过程中遇到拐角时，刀具从轮廓的一边到另一边的过程中，可以以圆弧方式过渡或者尖角方式过渡。

"反向走刀"选择"否"，刀具按默认方式走刀，即刀具从Z轴正向，向Z轴负向移动；"反向走刀"选择"是"，刀具按与默认方式相反的方向走刀。

"退刀时沿轮廓走刀"选择"否"，刀具在首行、末行直接进退刀，对行与行之间的轮廓不加工；"退刀时沿轮廓走刀"选择"是"，两刀位行之间如果有一段轮廓，在后一刀位行之前、之后增加对行间轮廓的加工。

"刀尖半径补偿"分两种情况：一是"编程时考虑半径补偿"，在生成加工轨迹时，系统根据当前所用刀具的刀尖半径进行补偿计算(按假想刀尖点编程)，生成已考虑半径补偿的代码，无须机床再进行刀尖半径补偿；二是"由机床进行半径补偿"，在生成加工轨迹时，假设刀尖半径为0，按轮廓编程，不进行刀尖半径补偿计算。所生成代码用于实际加工时，应根据实际刀尖半径由机床指定补偿值。

(2) 填写进退刀方式表，如图 9-5(b)所示；在确定进刀和退刀角度及距离时尽量考虑到工件轮廓和毛坯轮廓的形状，并且不与非加工区域相干涉。

(3) 填写切削参数表，如图 9-5(c)所示，进刀量和主轴转速根据表 9-1 设定。注意：数控机床的一些速度参数，包括"主轴转速"、"接近速度"、"进刀量"和"退刀速度"。主轴转速是切削时机床主轴转动的角速度；进刀量指刀具切削工件时的进给速度，进给速度是正常切削时刀具行进的线速度；接近速度为从进刀点到切入工件前刀具行进的线速度，又称进刀速度；退刀速度为刀具离开工件回到退刀位置时刀具行进的线速度。样条拟合方式分直线拟合和圆弧拟合两种。直线拟合指对加工轮廓中的样条曲线根据给定的加工精度用直线段进行拟合，圆弧拟合指对加工轮廓中的样条曲线根据给定的加工精度用圆弧段进行拟合。

(4) 填写轮廓车刀参数表，如图 9-5(d)所示。

刀具名：刀具的名称，用于刀具标识和列表，刀具名是唯一的。

刀具号：刀具的系列号，用于后置处理的自动换刀指令，刀具号是唯一的。

刀具补偿号：刀具补偿值的序列号，其值对应于机床的刀具偏置表。

刀柄长度：刀具可夹持段的长度。

刀柄宽度：刀具可夹持段的宽度。

轮廓车刀列表：显示刀具库中所有同类型刀具的名称，可通过鼠标或键盘的上、下键选择不同的刀具名，刀具参数表中将显示所选刀具的参数。双击所选的刀具可将其置为当前刀具。

刀角长度：刀具可切削段的长度。

刀尖半径：刀尖部分用于切削的圆弧的半径。

刀具前角：刀具前刃与工件旋转轴的夹角。

刀具后角：刀具后刃与工件旋转轴的夹角。

可以看出默认的轮廓车刀并不能满足本次切削的需要，因此单击增加刀具按钮，填写必要的参数，并置当前刀。

2. 拾取工件轮廓

填写完所有粗加工参数表后，单击"确定"按钮，左下角会提示"拾取被加工工件表面轮廓"，按空格键，在弹出对话框中选择"单个拾取"选项，然后依次拾取轮廓线，如图9-6所示。

3. 拾取毛坯轮廓

右击，结束工件轮廓拾取，左下角提示"拾取定义的毛坯"，顺次拾取毛坯轮廓，如图9-7所示。

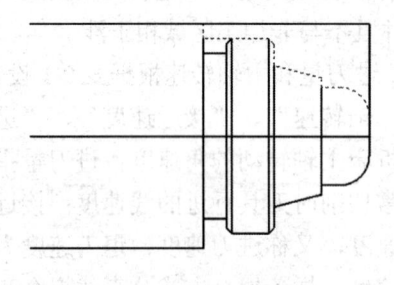

图9-6 拾取工件轮廓　　　　　　图9-7 拾取毛坯轮廓

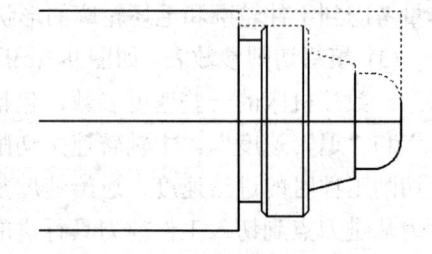

4. 设置进退刀点，生成粗车刀轨

右击，结束毛坯轮廓拾取，左下角提示"输入进退刀点"，按Enter键在弹出的输入框中输入换刀点坐标"100，50"，如图9-8所示；再按Enter键，则生成外轮廓粗加工轨迹，如图9-9所示。

5. 隐藏粗车刀轨

为了便于后续操作，可以先隐藏粗车轨迹线，以使图形界面简洁。可以通过单击"编辑"菜单，选择"元素不可见"，这时左下角提示"拾取元素"，用鼠标左键拾取要隐藏的轨迹线然后右击。轨迹线的显示可以通过选择"元素可见"，并拾取元素，右击来实现。

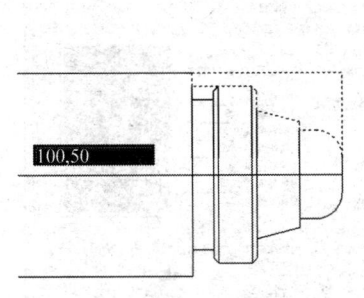

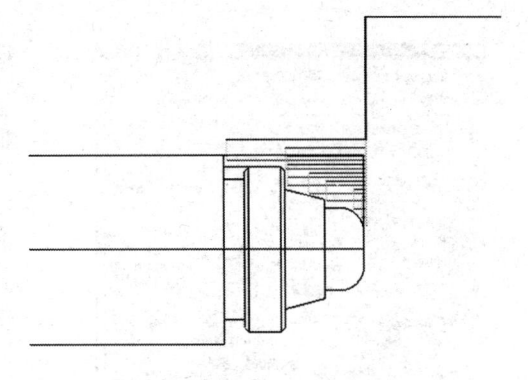

图 9-8　输入进退刀点坐标　　　　　图 9-9　外轮廓粗加工轨迹线

9.4.3　精车左端外轮廓

轮廓精车时要确定被加工轮廓。被加工轮廓就是加工结束后的工件表面轮廓，被加工轮廓不能闭合或自相交。

(1) 单击"精车"按钮，出现精车参数表对话框，填写精车参数表。

① 填写精车加工参数表，如图 9-10(a)所示。一次精车走刀，精车后不再留余量，故加工余量为 0。

② 填写进退刀方式表，如图 9-10(b)所示。

③ 填写切削用量参数表，如图 9-10(c)所示。进刀量和主轴转速根据表 9-1 设定。

④ 填写轮廓车刀参数表，如图 9-10(d)所示。

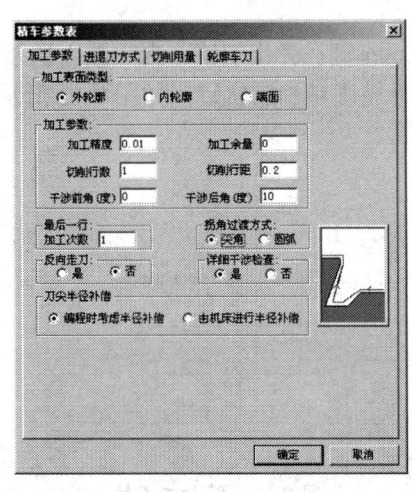

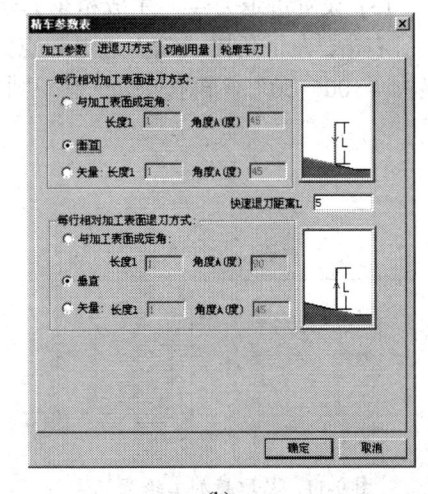

(a)　　　　　　　　　　　　　　(b)

(c)   (d)

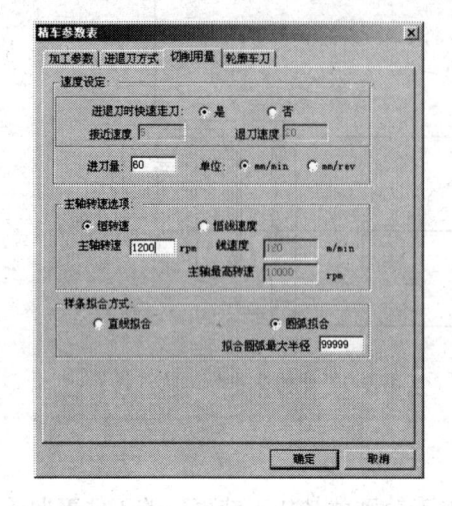

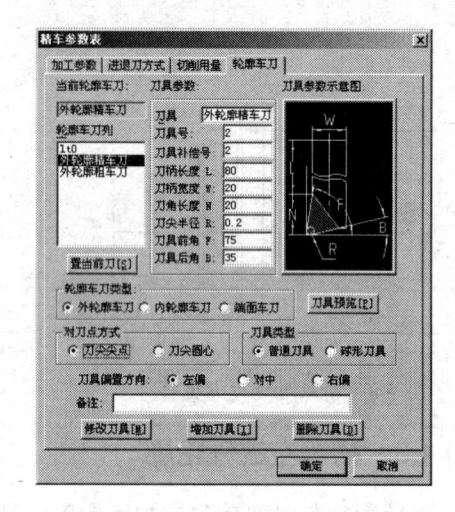

图 9-10 精车参数表

(a)"加工参数"对话框；(b)"进退刀方式"对话框；

(c)"切削用量"对话框；(d)"轮廓车刀"对话框。

(2) 拾取工件轮廓。

填写完所有精加工参数表后，单击"确定"按钮，左下角会提示"拾取被加工工件表面轮廓"，按空格键，在弹出对话框中选择"单个拾取"选项，然后依次拾取轮廓线，如图 9-11 所示。

(3) 设置进退刀点，生成精车刀轨。

右击，左下角提示输入进退刀点，按 Enter 键在弹出的输入框中输入换刀点坐标"100，50"，再按 Enter 键，则生成外轮廓精加工轨迹，如图 9-12 所示。

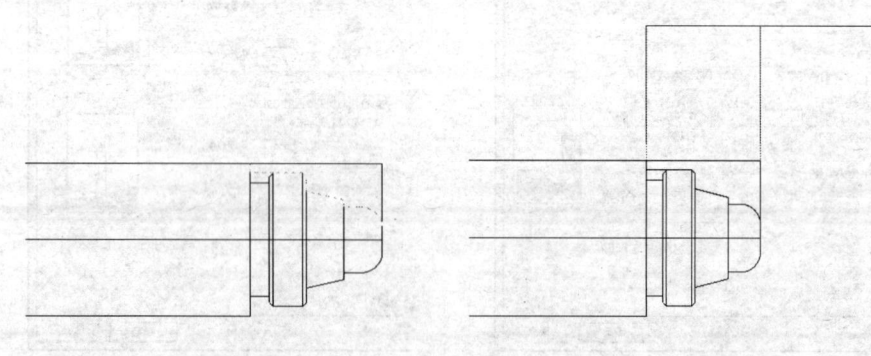

图 9-11 拾取精加工轮廓   图 9-12 精加工刀轨

(4) 隐藏精车刀轨。

确认刀轨合理后，隐藏精车刀轨，为沟槽刀轨生成做好准备。

9.4.4 左端外沟槽加工

切槽加工要确定被加工轮廓，即沟槽的外形轮廓线，该轮廓线不能闭合或自交。

(1) 单击"切槽"按钮 , 出现切槽参数表对话框，填写切槽参数表。

① 填写切槽加工参数表，如图 9-13(a)所示。

② 填写切削用量参数表，如图 9-13(b)所示。

③ 填写切槽刀具参数表，如图 9-13(c)所示。

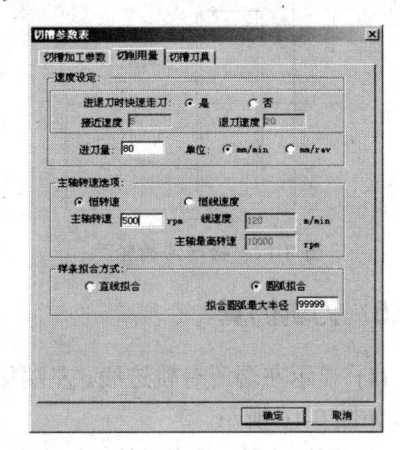

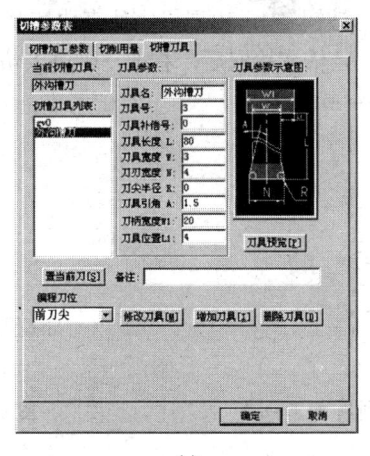

图 9-13 填写切槽参数

(a)"加工参数"对话框；(b)"切削用量"对话框；(c)"切槽刀具"对话框。

(2) 拾取工件轮廓

填写完所有参数表后,单击"确定"按钮,左下角会提示"拾取加工工件表面轮廓",按"空格"键,在弹出对话框中选择"单个拾取",然后依次拾取轮廓线,如图9-14所示。

(3) 设置进退刀点,生成粗车刀轨。

选取完加工轮廓后,右击,左下角提示"输入进退刀点",按 Enter 键在弹出的输入框中输入换刀点坐标"100,50",再按 Enter 键,则生成切槽加工轨迹,如图9-15所示。

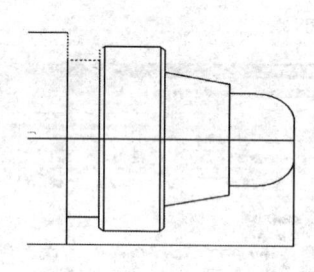

图 9-14 拾取沟槽轮廓   图 9-15 切槽轨迹线

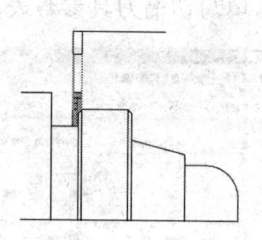

9.4.5 刀轨仿真

(1) 显示左端所有轨迹线。左端加工刀轨已全部生成,可以显示左端所有轨迹线如图9-16所示。

(2) 可以使用软件提供的刀轨仿真功能初步验证刀具轨迹的正确性和合理性,方法是单击刀具"轨迹仿真"按钮 ,出现机床仿真快捷菜单,填写仿真参数后,左下角提示"拾取刀具轨迹",依次拾取后,右击,则进入仿真界面,如图9-17所示。

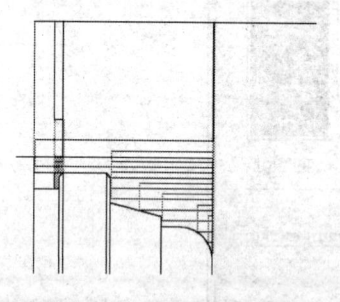

图 9-16 工件左端所有加工轨迹   图 9-17 走刀轨迹仿真

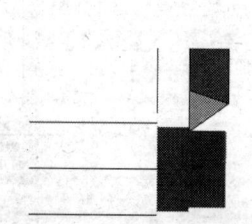

9.4.6 机床设置

加工轨迹经仿真验证无误后,可以设置机床和后置处理然后生成数控程序。

首先，要对机床进行设置，步骤是：单击"机床设置"按钮 ，在弹出的对话框中设置机床参数，然后单击"增加机床"按钮，在弹出的对话框内输入所使用的系统，如图9-18所示。

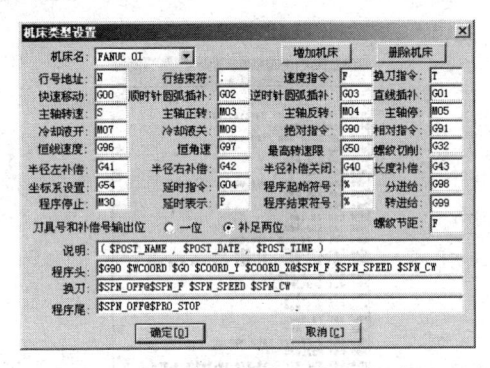

图9-18 "机床类型设置"对话框

9.4.7 后置设置

要进行后置处理首先要进行设置，方法如下所述。

(1) 单击"后置设置"按钮，弹出"后置处理设置"对话框。

(2) 选择上一步设置的机床，确认参数，如果系统采用直径编程，选择 X 表示直径。

(3) 单击"确定"按钮，完成机床设置和后置处理，如图9-19所示。

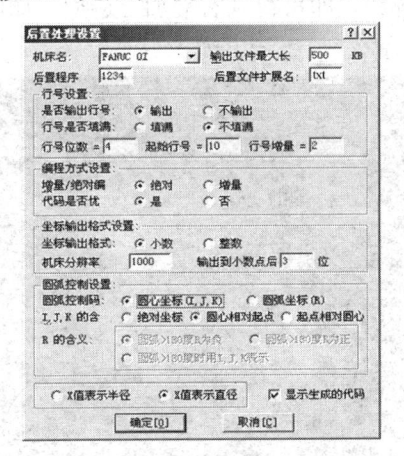

图9-19 "后置处理设置"对话框

9.4.8 生成 G 代码

(1) 单击"生成 G 代码"按钮，弹出"选择后置文件"对话框，输入要存

81

储的 G 代码文件名。

(2) 选择加工轨迹，顺次拾取左端所有的刀具轨迹。

(3) 选取好加工轨迹后，右击，就生成加工工件左端 G 代码文件，如图 9-20 所示。

图 9-20　工件左端加工 G 代码

9.5　右端加工

完成左端加工后，工件调头车总长，然后开始加工右端。打开零件的车削加工造型，另存为右端加工工序模型，将所有图元移动，使坐标原点处在右端面中心，绘制毛坯轮廓线，即可得到右端加工造型，如图 9-21 所示。

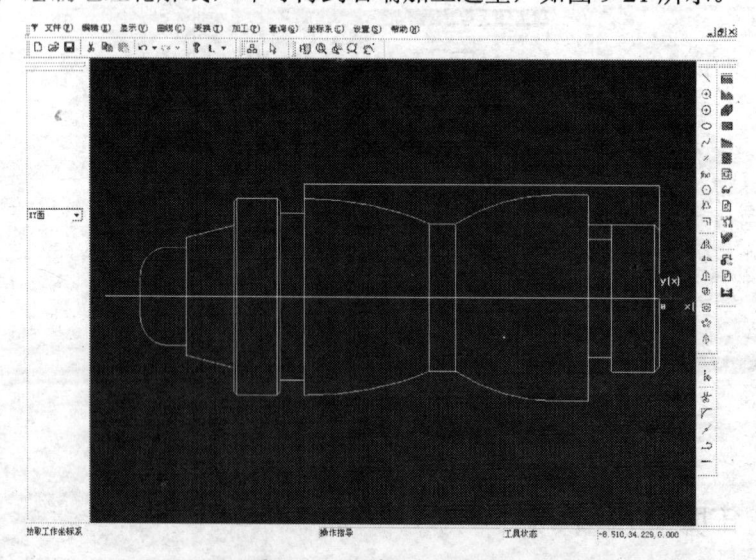

图 9-21　工件右端及毛坯

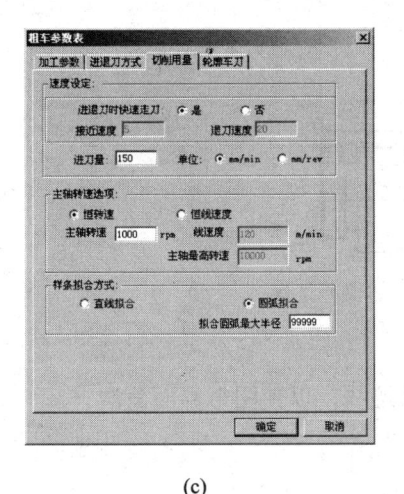

9.5.1 粗车右端外轮廓

(1) 单击"轮廓粗车"按钮 ![] ，填写粗车参数表，具体参数说明见 9.4.2 节。
① 填写加工参数表，如图 9-22(a)所示。
② 填写进退刀方式表，如图 9-22(b)所示。
③ 填写切削参数表，如图 9-22(c)所示。
④ 填写轮廓车刀参数表，如图 9-22(d)所示。

(a)

(b)

(c)

(d)

图 9-22 粗车参数表

(a)"加工参数"对话框；(b)"进退刀方式"对话框；

(c)"切削用量"对话框；(d)"轮廓车刀"对话框。

(2) 拾取工件轮廓。

填写完所有粗加工参数表后，单击"确定"按钮，左下角会提示拾取加工工件表面轮廓，按空格键，在弹出对话框中选择"单个拾取"选项，然后依次拾取轮廓线，如图9-23所示。

(3) 拾取毛坯轮廓。

右击，左下角提示"拾取定义的毛坯"，顺次拾取毛坯轮廓，如图9-24所示。

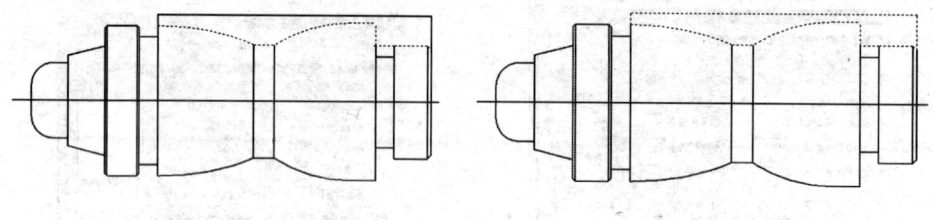

图 9-23 拾取加工轮廓　　图 9-24 拾取毛坯轮廓

(4) 设置进退刀点，生成粗车刀轨。

右击，左下角提示"输入进退刀点"，按Enter键在弹出的输入框中输入换刀点坐标"50，100"，再按Enter键，则生成外轮廓粗加工轨迹，如图9-25所示。

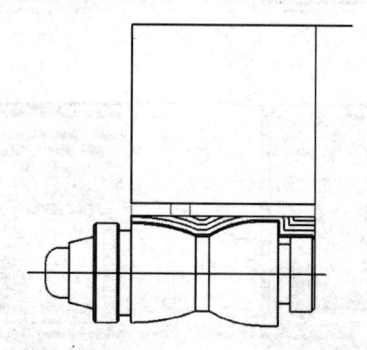

图 9-25 外轮廓粗加工刀具轨迹线

(5) 隐藏粗车刀轨。

为了便于后续操作，可以先隐藏粗车轨迹线，以使图形界面简洁。

9.5.2 精车右端外轮廓

(1) 单击"精车"按钮，弹出"精车参数表"对话框，填写精车参数表。

① 填写精车加工参数表，如图9-26(a)所示。

② 填写进退刀方式表，如图9-26(b)所示。

③ 填写切削用量参数表，如图9-26(c)所示。
④ 填写轮廓车刀参数表，如图9-26(d)所示。

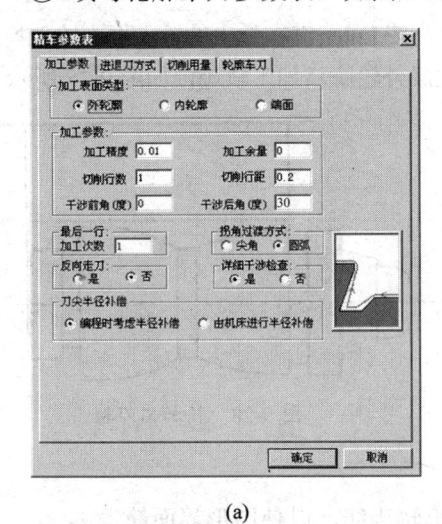

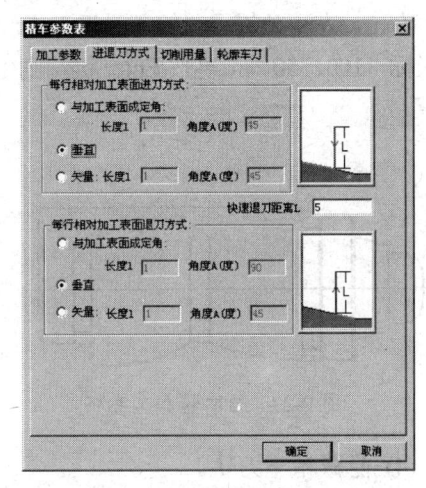

(a)　　　　　　　　　　　　　(b)

(c)　　　　　　　　　　　　　(d)

图9-26　填写精车参数表

(a) "加工参数"对话框；(b) "进退刀方式"对话框；

(c) "切削用量"对话框；(d) "轮廓车刀"对话框。

(2) 拾取工件轮廓。

填写完所有精加工参数表后，单击"确定"按钮，左下角会提示"拾取加工工件表面轮廓"，按"空格"键，在弹出对话框中选择"单个拾取"选项，

85

然后依次拾取轮廓线，如图 9-27 所示。

(3) 设置进退刀点，生成精车刀轨。

右击，左下角提示"输入进退刀点"，按 Enter 键在弹出的输入框中输入换刀点坐标"100，50"，再按 Enter 键，则生成外轮廓精加工轨迹，如图 9-28 所示。

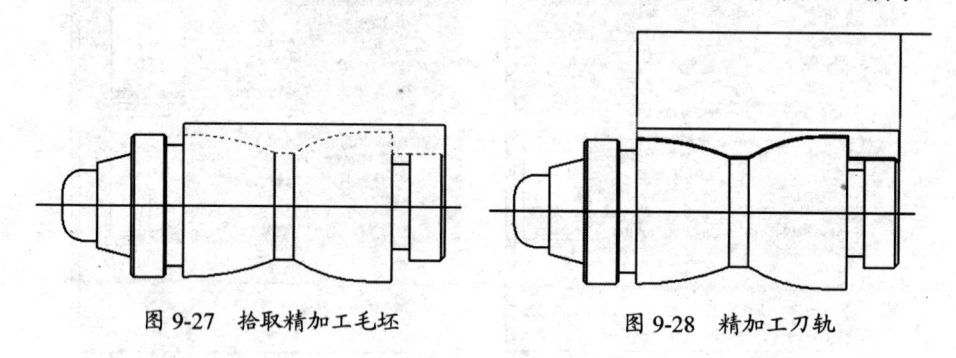

图 9-27 拾取精加工毛坯　　　　　　图 9-28 精加工刀轨

(4) 隐藏精车刀轨。

为了便于后续操作，可以先隐藏精车轨迹线，以使图形界面简洁。

9.5.3　右端螺纹退刀槽加工

(1) 单击"切槽"按钮，出现"切槽参数表"对话框，填写切槽参数表。

① 填写切槽加工参数表，如图 9-29(a)所示。由于沟槽左侧有工件端面，故把毛坯余量设大一些，避免刀具以快速进给进入工件。

② 填写切削用量参数表，如图 9-29(b)所示。

③ 填写切槽刀具参数表，如图 9-29(c)所示。

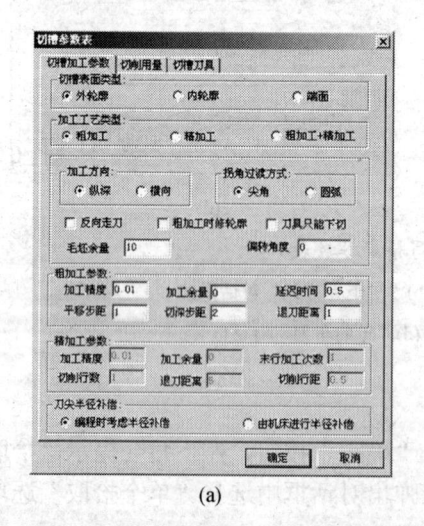

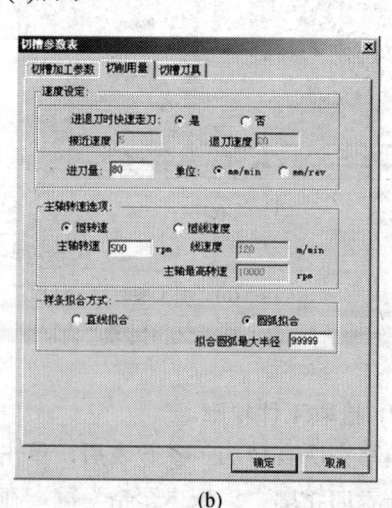

(a)　　　　　　　　　　　　　　(b)

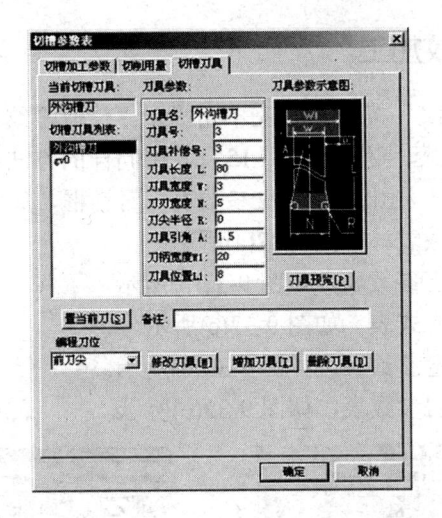

(c)

图 9-29 填写切槽参数表

(a)"加工参数"对话框；(b)"切削用量"对话框；(c)"切槽刀具"对话框。

(2) 拾取工件轮廓。

填写完所有参数表后，单击"确定"按钮，左下角会提示"拾取加工工件表面轮廓"，按"空格"键，在弹出对话框中选择"单个拾取"，然后依次拾取轮廓线，如图 9-30 所示。

(3) 设置进退刀点，生成粗车刀轨。

选取完加工轮廓后，右击，左下角提示"输入进退刀点"，按 Enter 键在弹出的输入框中输入换刀点坐标"100，50"，再按 Enter 键，则生成外轮廓粗加工轨迹，如图 9-31 所示。

为了便于后续操作，选择隐藏切槽轨迹线。

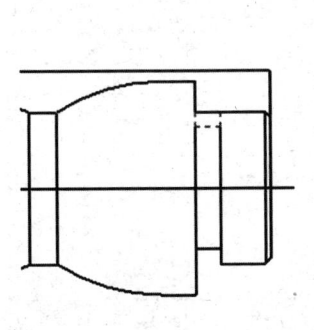

图 9-30 拾取沟槽轮廓　　　　图 9-31 切槽轨迹线

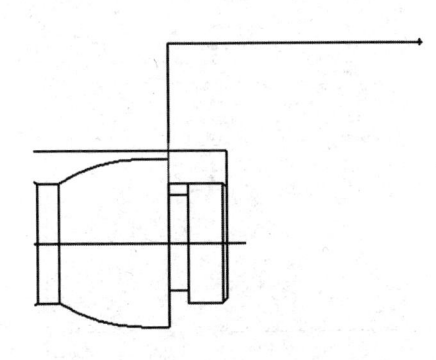

87

9.5.4 右端外螺纹加工

(1) 单击"车螺纹"按钮![], 左下角提示"拾取螺纹起点", 按 Enter 键在弹出的输入框中输入起点坐标"2, 15", 用同样的方法输入终点坐标"-11, 15"; 再按 Enter 键, 则出现"螺纹参数表"对话框, 如图 9-32 所示。

① 填写螺纹参数表, 如图 9-32(a)所示。
② 填写螺纹加工参数表, 如图 9-32(b)所示。
③ 填写进退刀方式表, 如图 9-32(c)所示。
④ 填写切削用量参数表, 如图 9-32(d)所示。
⑤ 填写轮廓车刀参数表, 如图 9-32(e)所示。

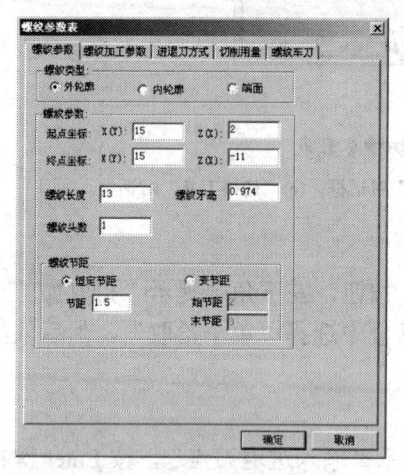

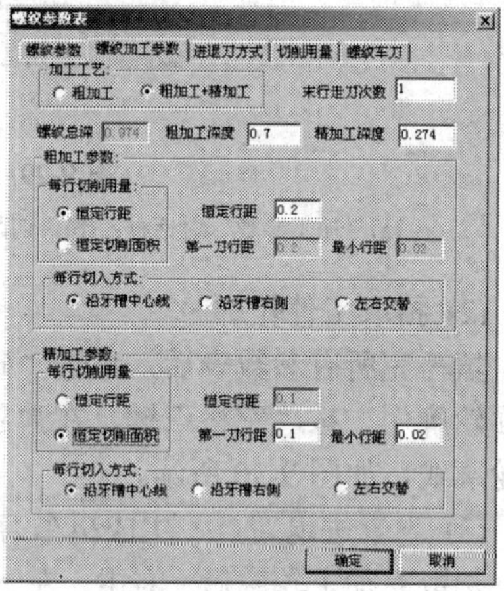

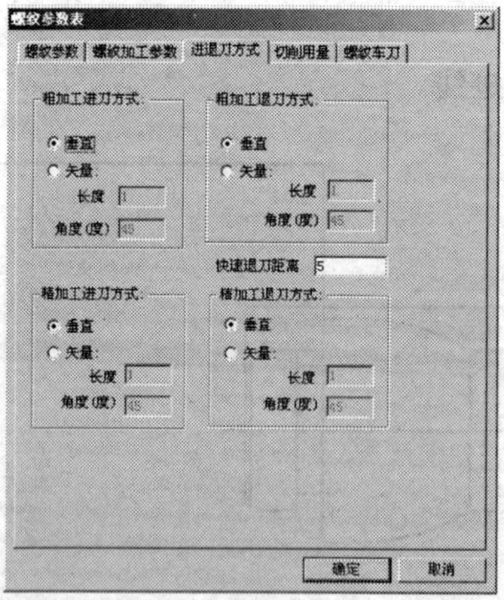

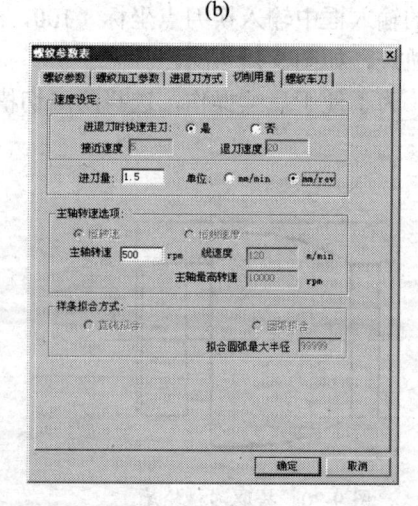

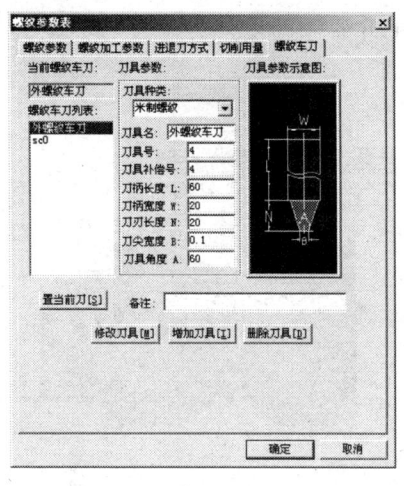

(e)

图 9-32 输入螺纹参数表

(a)"螺纹参数"对话框；(b)"螺纹加工参数"对话框；
(c)"进退刀方式"对话框；(d)"切削用量"对话框；(e)"轮廓车刀"对话框。

(2) 设置进退刀点。

选取完加工轮廓后，右击，左下角提示"输入进退刀点"，按 Enter 键在弹出的输入框中输入换刀点坐标"100，50"，再按 Enter 键，则生成螺纹加工轨迹，如图 9-33 所示。

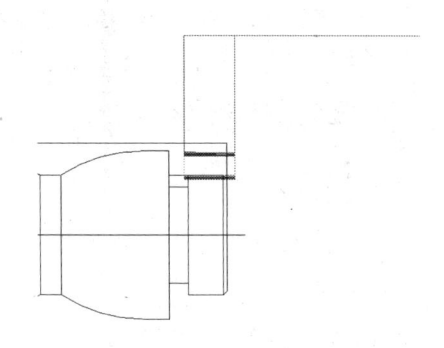

图 9-33 螺纹加工轨迹

9.5.5 刀轨仿真

显示右端所有轨迹线，单击刀具"轨迹仿真"按钮，出现机床仿真快捷菜单，填写仿真参数后，左下角提示拾取刀具轨迹，依次拾取后，右击，则进入仿真界面，如图 9-34 所示。

图 9-34 走刀轨迹仿真

9.5.6 机床设置后置设置

加工轨迹经仿真验证无误后，可以设置机床和后置处理然后生成数控程序，可以选用在加工左端的时候设置好机床和后置处理，以节约时间。

9.5.7 生成 G 代码

单击"生成 G 代码"按钮，在弹出的对话框中选择"后置文件"选项，给出要存储的 G 代码文件名，选择加工轨迹，顺次拾取左端所有的刀具轨迹，右击，就生成工件右端加工 G 代码文件，如图 9-35 所示。

图 9-35 工件右端加工 G 代码

9.6 加工实训

加工如图 9-36 所示的零件,毛坯直径 ϕ65mm,材料为 45 钢,要求如下:
(1) 分析数控加工工艺。
(2) 编制数控加工程序。
(3) 加工仿真。
(4) 实际零件加工。
(4) 完成实训报告。

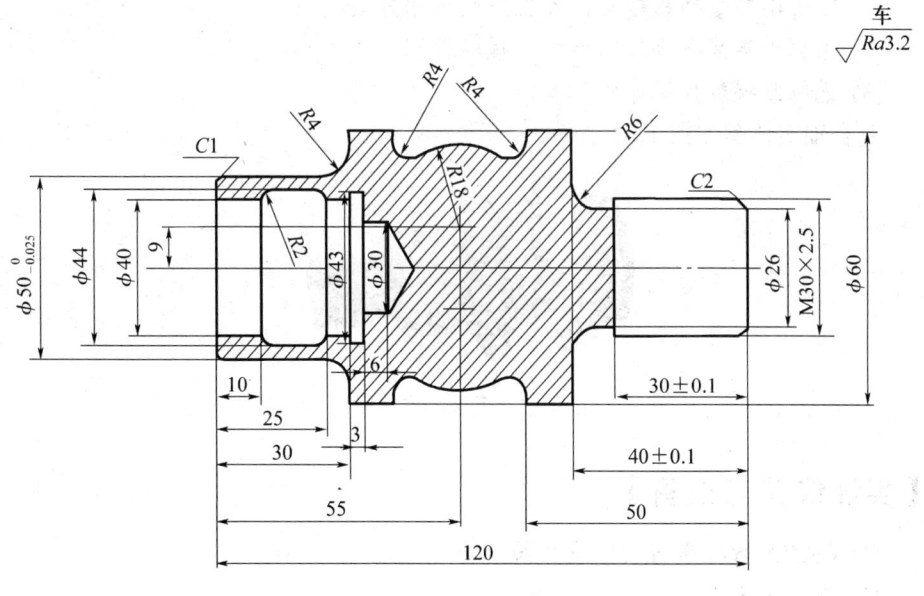

图 9-36 同步练习图

项目 10　数控车削加工综合实训

【实训目标】

(1) 掌握中等复杂程度零件加工工艺规划方法。
(2) 掌握中等复杂程度零件加工程序编制。
(3) 熟练掌握数控机床加工操作。

复合轴实体图如图 10-1 所示。

图 10-1　复合轴实体图

【实训仪器与设备】

(1) CAXA 数控车自动编程系统一套。
(2) 数控车床一台。
(3) 粗精车外圆车刀各一把。
(4) 切槽刀一把。
(5) 螺纹刀一把。
(6) 毛坯件为外径 ϕ50mm 棒料，材料为 45 钢。

10.1　加工实例

如图 10-2 所示零件，材料为 45 钢，毛坯直径 ϕ50 棒料，小批量生产，试分析其数控车削加工工艺过程。

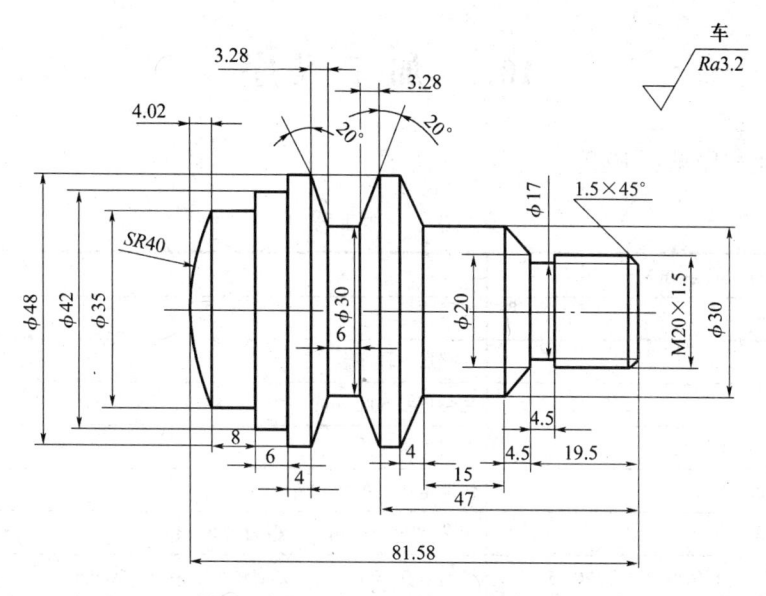

图 10-2 复合轴零件图

10.2 工艺分析

分析零件图样，可以看出零件外形比较复杂，并且需要调头装夹分别加工，故该工件的加工方法是：先夹持工件左端以加工右端，然后调头装夹，加工左端，其工序见表 10-1。

表 10-1 数控加工工序卡片

工步号	工步内容	刀具参数					切削用量			备注
^	^	刀具号	刀具主偏角/(°)	刀尖角/(°)	刀尖半径	刀尖半径补偿号	S功能/(r/min)	F功能/(mm/r)	背吃刀量/mm	^
5	粗车右端外圆	T0101	93	80	0.2	0	500	0.15	1	—
10	精车右端外圆	T0202	93	80	0.2	0	800	0.1	0.25	—
15	车退刀槽	T0303	90	—	0.2	0	500	0.1	4	刀宽4mm
20	粗精车梯形槽	T0303	90	—	0.2	0	500	0.1	4	刀宽4mm
25	车螺纹	T0404	60	60	0.1	0	500	1.5	—	0.974mm(螺纹高)
30	粗车左端外轮廓	T0101	93	80	0.2	0	500	0.15	1	—
35	精车左端外轮廓	T0202	93	80	0.2	3	800	0.1	0.25	—

93

10.3 加工程序

加工程序见表10-2。

表10-2 加工程序

FANUC Series 0i Mate-TC 程序	注 释
%	
O0903	右端加工程序名
M03S500	主轴正转 500r/min
T0101	调用 1 号刀具
G00X52.0Z2.0	快速定位到粗精车循环起点
G71U1.0R0.5	粗车背吃刀量 1mm，退刀量 0.5mm
N70G71P80Q180U0.5W0.25F0.15	进给量 0.15mm，X、Z 向精加工余量 0.25mm
N80G01X13.0S800F0.1	开始精车程序段，设置精车进给量和主轴转速
X20.0Z-1.5	
Z-19.5	
X30.0Z-24	
Z-39.0	
X48.0Z-43.0	
Z-64.0	
N180G01X52.0	
G00X100.0Z200.0	快速定位到换刀点
T0202	换 2 号刀具
G00X52.0Z2.0	快速定位到粗精车循环起点
G70P80Q180	外轮廓精车循环
G00X100.0Z100.0	快速回到换刀点
M03S500	主轴正转 500r/min
T0303	调用 3 号刀具
G00X52.0	快速走到螺纹退刀槽预加工位置点
Z-19.5	
G01X32.0F0.5	走到退刀槽加工循环起点
G94X17.0W0F0.1	车槽循环，$X17.0W0$ 为切削终点相对与循环起点的坐标

(续)

FANUC Series 0i Mate-TC 程序	注　释
W0.5	车槽循环，W0.5 为切削终点相对与循环起点的坐标
G01X50 .0F0.5	走到梯形槽加工起点
Z-51	
G72W2.0R0	梯形槽粗车，背吃刀量为 2.0mm，退刀量为 0
G72P100Q200U0.5W0F0.1	进给量 0.1mm
N100G01X48	开始梯形槽精车程序段
X30Z-54.28	
Z-56.28	
X48Z-59.56	
N200X50.0	
G70P100Q200	精车循环
G00X100Z100	回换刀点
T0404	调用 4 号刀具
G00X22.0Z5.0	快速定位到螺纹加工循环起点
G76P020060Q50R0.1	螺纹车削复合循环，精车次数两次，末端倒角量参数为 00，刀具角度 60°，最小切削深度 0.05mm，精车余量 0.1mm
G76X18.05Z-16.0P974.25Q500F1.5	螺纹高为 0.97425mm，第一刀切削深度为 0.5mm
G00X100.0Z100.0	快速回到换刀点
M05	
M30	零件右端加工结束
%	
%	
O0904	左端加工程序名
M03S500	
T0104	调用 1 号刀具、4 号刀具形状偏置补偿
G00X52.0Z2.0	快速定位粗精车循环起点
G71U1.0R0.5	粗车背吃刀量 1mm，退刀量 0.5mm
G71P70Q180U0.5W0.25F0.15	进给量 0.15mm，X、Z 向精加工余量 0.25mm
N70G01X0	左端精车程序段开始
G01G42Z0F0.1S800	设定精车进给量和主轴转速，并进行刀尖半径补偿
G03X35.0Z-4.03R40.0	

(续)

FANUC Series 0i Mate-TC 程序	注　释
G01Z-12.03	
X42.0	
Z-18.03	
N180X50.0	
G70P70Q180	精车左端外圆
G00X100.0Z100.0	
M05	
M30	

10.4　加工实训

加工如图 10-3 所示的零件，毛坯直径 ϕ50mm，材料为 45 钢，要求如下：

(1) 分析数控加工工艺。

(2) 编制数控加工程序。

(3) 加工仿真。

(4) 实际零件加工。

(5) 完成实训报告。

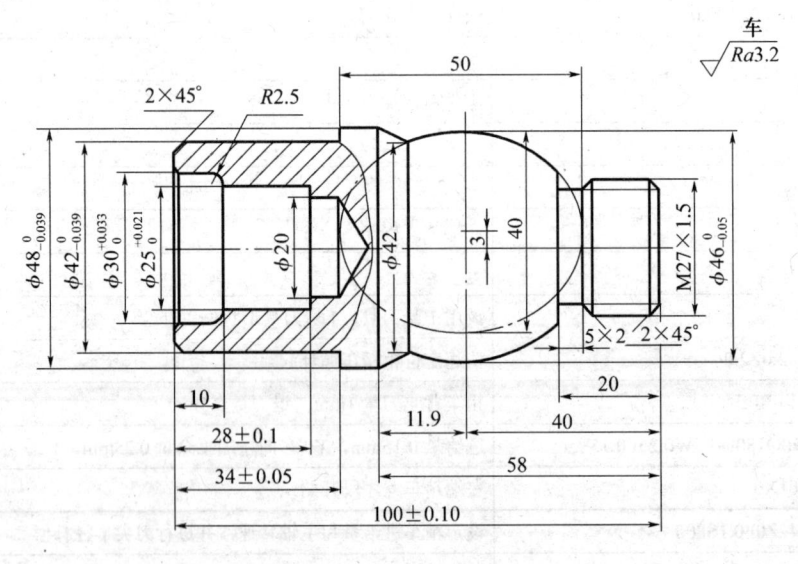

图 10-3　同步练习图

第二篇

数控铣床加工中心编程与操作实训

项目 11　数控铣安全操作规程
项目 12　FANUC Serise 0i – MC 数控系统基本操作
项目 13　华中世纪星 HNC – 21M 数控铣系统基本操作
项目 14　平面铣削实训
项目 15　外轮廓铣削实训
项目 16　钻孔编程实训
项目 17　内轮廓加工实训
项目 18　宏程序编程实训
项目 19　CAXA 制造工程师自动编程实训
项目 20　数控铣削加工综合实训
附录　实训报告
参考文献

项目 11 数控铣安全操作规程

11.1 安全操作基本注意事项

(1) 进入车间实习时，要求穿好工作服，女同学要求戴安全帽，并将发辫纳入帽内。不得穿凉鞋、拖鞋、高跟鞋、背心、裙子和戴围巾进入车间，不允许戴手套操作机床。

(2) 不要移动或损坏安装在机床上的警告标牌。

(3) 不要在机床周围放置障碍物，工作空间应足够大。

(4) 某一项工作如需要两人或多人共同完成时，应注意相互间的协调一致。

(5) 应在指定的机床和计算机上进行实习，未经允许，其他机床设备、工具或电器开关等均不得动用。

11.2 工作前的准备

(1) 操作前必须熟悉数控铣床的一般性能、结构、传动原理及控制程序，掌握各操作按钮、指示灯的功能及操作程序。

(2) 开动机床前，要检查机床电气控制系统是否正常，润滑系统是否畅通、油质是否良好，并按规定要求加足润滑油，各操作手柄是否正确，工件、夹具及刀具是否已夹持牢固，检查冷却液是否充足，然后开慢车空转 3min～5min，检查各传动部件是否正常，确认无故障后，才可正常使用。

(3) 程序调试完成后，必须经指导老师同意方可按步骤操作，不允许跳步骤执行。未经指导老师许可，擅自操作或违章操作，成绩作零分处理，造成事故者，按相关规定处分并赔偿相应损失。

(4) 加工零件前，必须严格检查机床原点、刀具数据是否正常并进行无切削轨迹仿真运行。

11.3 工作过程中的安全注意事项

(1) 加工零件时，必须关上防护门，不准把头、手伸入防护门内，加工过程中不允许打开防护门。

(2) 加工过程中，操作者不得擅自离开机床，应保持思想高度集中，观察机床的运行状态，若发生不正常现象或事故时，应立即终止程序运行，切断电源并及时报告指导老师，不得进行其他操作。

(3) 严禁用力拍打控制面板、触摸显示屏，严禁敲击工作台、分度头、夹具和导轨。

(4) 严禁私自打开数控系统控制柜进行观看和触摸。

(5) 操作人员不得随意更改机床内部参数，实习学生不得调用、修改其他非自己所编的程序。

(6) 机床控制微机上，除进行程序操作和传输及程序复制外，不允许作其他操作。

(7) 数控铣床属于高精设备，除工作台上安放工装和工件外，机床上严禁堆放任何工、夹、刃、量具、工件和其他杂物。

(8) 禁止用手接触刀尖和铁屑，铁屑必须要用铁钩子或毛刷来清理。

(9) 禁止用手或其他任何方式接触正在旋转的主轴、工件或其他运动部位。

(10) 禁止加工过程中测量工件、手动变速，更不能用棉丝擦拭工件、也不能清扫机床。

(11) 禁止进行尝试性操作。

(12) 使用手轮或快速移动方式移动各轴位置时，一定要看清机床 X 轴、Y 轴、Z 轴各方向"＋、－"号标牌后再移动；移动时先慢转手轮观察机床移动方向无误后方可加快移动速度。

(13) 在程序运行中须暂停测量工件尺寸时，要待机床完全停止、主轴停转后方可进行测量，以免发生人身事故。

(14) 机床若数天不使用，则每隔一天应对 NC 及 CRT 部分通电 2h～3h。

(15) 关机时，要等主轴停转 3min 后方可关机。

11.4　工作完成后的注意事项

(1) 清除切屑、擦拭机床，使用机床与环境保持清洁状态，各部件应调整到正常位置。

(2) 检查润滑油、冷却液的状态，及时添加或更换。

(3) 依次关掉机床操作面板上的电源和总电源。

(4) 打扫现场卫生，填写设备使用记录。

项目 12　FANUC Serise 0i-MC 数控系统基本操作

12.1　FANUC 加工中心控制面板

12.1.1　数控系统面板

数控系统面板即 CRT/MDI 操作面板。本书介绍的操作面板是 FANUC 公司的 FANUC 0i 系统的操作面板，其中 CRT 是阴极射线管显示器的英文缩写(Cathode Radiation Tube，CRT)，而 MDI 是手动数据输入的英文缩写(Manual Date Input，MDI)。图 12-1 所示，为 CRT 标准键盘的操作面板。

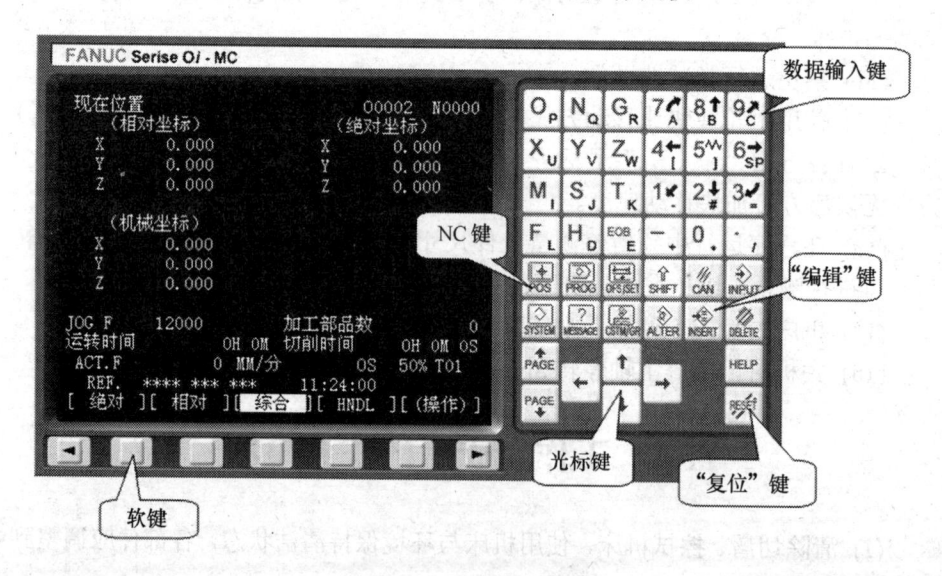

图 12-1　数控系统面板

可以将面板的键盘分为以下几个部分：

(1) 软键。该部分位于 CRT 显示屏的下方，除了左右两个箭头键外，键面上没有任何标识。这是因为各键的显示对应在 CRT 显示屏下方的位置，并随着

CRT 显示的页面不同而有着不同的功能。

(2) 系统操作键。这一组有两个按键，分别为右下角 RESET 键和 HELP 键，其中的 RESET 为系统操作键也叫"复位"键，HELP 为"帮助"键。

(3) 数据输入键。该部分包括了机床能够使用的所有字符和数字。可以看到，字符键都具有两个功能，较大的字符为该键的第一功能，即按下该键可以直接输入该字符。较小的字符为该键的第二功能，要输入该字符须先按 SHIFT 键后，屏幕上相应位置会出现一个"^"符号，然后再按该键。另外"6/SP"键中"SP 格"(英文 Space 的缩写)，也就是说，该键的第二功能是空格。

(4) 光标移动键和翻页键。在 MDI 面板下方的上下箭头键("↑"和"↓")和左右箭头键("←"和"→")为光标移动键，还有 PAGE 的上下箭头翻页键。

(5) 编辑键。这一组有 5 个键：CAN、INPUT、ALTER、INSERT 和 DELETE，用于编辑加工程序。

(6) NC 功能键。该组的 6 个键(标准键盘)或 8 个键(全键式)用于切换 NC 显示的页面以实现不同的功能。

12.1.2 MDI 面板

CRT 为显示屏幕，用于相关数据的显示，用户可以从屏幕中看到操作数控系统的反馈信息。MDI 面板的操作是数控系统最主要的输入方式。如图 12-2 所示，MDI 面板上各按键的位置。

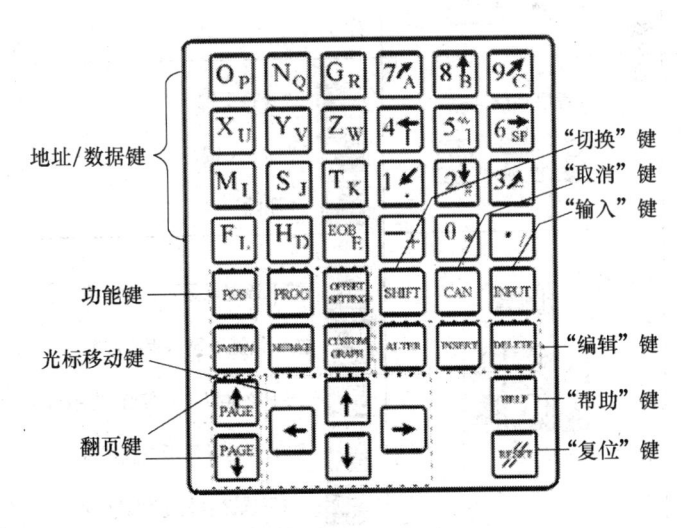

图 12-2 MDI 面板

表 12-1 为 MDI 面板上各键的详细说明。

表 12-1 MDI 面板按键详细说明

编号	名称	功能说明
1	"复位"键	按下这个键可以使 CNC 复位或者取消报警等
2	"帮助"键	当对 MDI 键的操作不明白时,按下这个键可以获得帮助信息
3	软键	根据不同的画面,软键有不同的功能。软键功能显示在屏幕的底端
4	地址和数字键	按下这些键可以输入字母、数字或者字符
5	"切换"键	在键盘上的某些键具有两个功能。按此键可以在这两个功能之间进行切换
6	"输入"键	当按下一个字母键或者数字键时,数据被输入到缓冲区,并且显示在屏幕上。要将输入缓冲区的数据复制到偏置寄存器中,按下该键。这个键与软键中的 INPUT 键是等效的
7	"取消"键	"取消"键,用于删除最后一个输入缓存区的字符或符号
8	程序功能键	:"替换"键。 :"插入"键。 :"删除"键
9	功能键	按下该键以显示位置屏幕。 按下该键以显示程序屏幕。 按下该键以显示偏置/设置(SETTING)屏幕。 按下该键以显示系统屏幕。 按下该键以显示信息屏幕

(续)

编号	名称	功能说明
10	光标移动键	→：这个键用于将光标向右或者向前移动。 ←：这个键用于将光标向左或者往回移动。 ↓：这个键用于将光标向下或者向前移动。 ↑：这个键用于将光标向上或者往回移动
11	翻页键	PAGE↑：该键用于将屏幕显示的页面往前翻页。 PAGE↓：该键用于将屏幕显示的页面往后翻页
注：要显示一个更详细的屏幕，可以在按下功能键后按软键。最左侧带有向左箭头的软键为菜单返回键，最右侧带有向右箭头的软键为菜单继续键		

12.1.3 机床操作面板

机床控制面板是由机床厂家配合数控系统自主设计的。不同厂家的产品，机床控制面板是各不相同的。甚至同一厂家，不同批次的产品，其机床控制面板也不相同。如图 12-3 所示的机床操作面板为大连立式加工中心所配的机床操作面板，该机床的型号为 FUNUC Serise 0i MC。

图 12-3　机床操作面板

对于配备 FANUC 系统的加工中心来说，机床控制面板的操作基本上大同小异，除了部分按钮的位置不相同外，其他的操作是一样的。机床操作面板上各按钮的说明见表12-2。

表 12-2 机床操作面板

按键图片	按键功能	按键图片	按键功能
	"单段"键		"跳过"键
	"空运行"键		"Z轴锁住"键 按下该键，按键灯亮，Z轴运动被锁定。再按该键，取消Z轴锁定
	"进给暂停"键		"机床锁住"键
	"快速移动"键		"循环启动"键
	Z坐标轴正方向键 回原点后，指示灯亮		Z坐标轴负方向键 回原点后，指示灯亮
	X坐标轴正方向键 回原点后，指示灯亮		X坐标轴负方向键 回原点后，指示灯亮
	Y坐标轴正方向键 回原点后，指示灯亮		Y坐标轴负方向键 回原点后，指示灯亮
	按一下开关，切削液开。再按，切削液关		按一下开关，照明灯亮。再按，照明灯关
	"主轴正转"键		"回原点"键
	"主轴反转"键		"主轴停"键
	"启动电源"键		"关闭电源"键
	进给速度修调		主轴速度修调
	"急停"键		

104

(续)

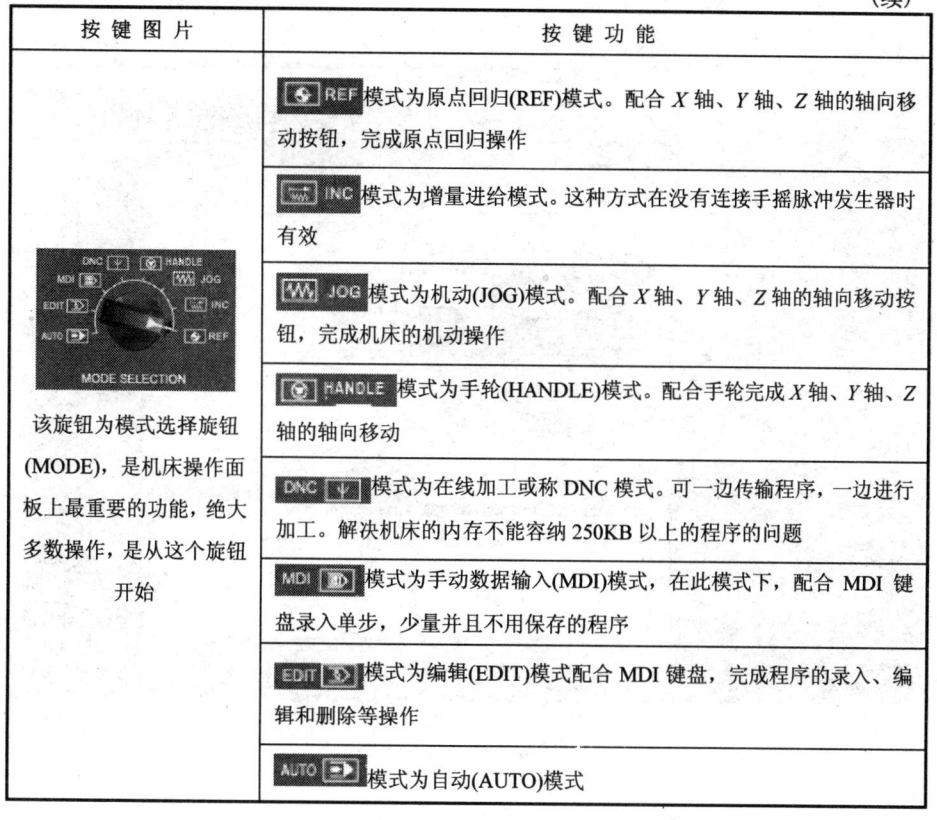

按键图片	按键功能
该旋钮为模式选择旋钮(MODE)，是机床操作面板上最重要的功能，绝大多数操作，是从这个旋钮开始	**REF** 模式为原点回归(REF)模式。配合 X 轴、Y 轴、Z 轴的轴向移动按钮，完成原点回归操作
	INC 模式为增量进给模式。这种方式在没有连接手摇脉冲发生器时有效
	JOG 模式为机动(JOG)模式。配合 X 轴、Y 轴、Z 轴的轴向移动按钮，完成机床的机动操作
	HANDLE 模式为手轮(HANDLE)模式。配合手轮完成 X 轴、Y 轴、Z 轴的轴向移动
	DNC 模式为在线加工或称 DNC 模式。可一边传输程序，一边进行加工。解决机床的内存不能容纳 250KB 以上的程序的问题
	MDI 模式为手动数据输入(MDI)模式，在此模式下，配合 MDI 键盘录入单步，少量并且不用保存的程序
	EDIT 模式为编辑(EDIT)模式配合 MDI 键盘，完成程序的录入、编辑和删除等操作
	AUTO 模式为自动(AUTO)模式

12.2 选择机床

结合 VNUC 数控加工中心仿真软件，以 FANUC Serise 0i Mate-MC 数控加工中心为例，具体操作过程如下：

选择"开始→程序→数控加工仿真软件"命令，选择"Vnucserver 数控加工仿真软件"，在弹出的"登录用户"对话框中，选择"快速登录"，进入数控加工仿真系统。

如图 12-4 所示，选择"选项"菜单中"选择机床和系统"命令(图 12-4 中 P1)，出现"选择机床与和数控系统"对话框，在机床类型中选择"3 轴立式加工中心"(图 12-4 中 P2)，在数控系统中选择 FANUC 0i MC 系统(图 12-4 中 P3)，机床面板采用"大连机床厂"(图 12-4 中 P4)，选择完毕之后单击"确定"按钮(图 12-4 中 P5)，机床选择结束，进入仿真系统界面。

图 12-4　选择机床类型

12.3　机床回零

12.3.1　机床初始化

选择机床后，机床处于锁定状态，需要进行机床初始化操作，即解除锁定状态。在仿真系统中，不同型号的机床，其机床的初始化操作也不相同。

对于所选择的仿真系统 FANUC Serise 0i-MC 型号的加工中心来说，具体操作步骤：如图 12-5 所示，按下数控系统的电源按钮(图 12-5 中 P1)，然后再拉开"急停"按钮(图 12-5 中 P2)。现在要查看当前机床的坐标位置，可单击 POS 按钮，也称为"位置坐标"按钮(图 12-5 中 P3)，再单击当前 CRT 屏幕下"综合"字样对应白色软件按钮(图 12-5 中 P4)。注意 CRT 屏幕中"机械坐标"坐标系的 X、Y 和 Z 的数值。

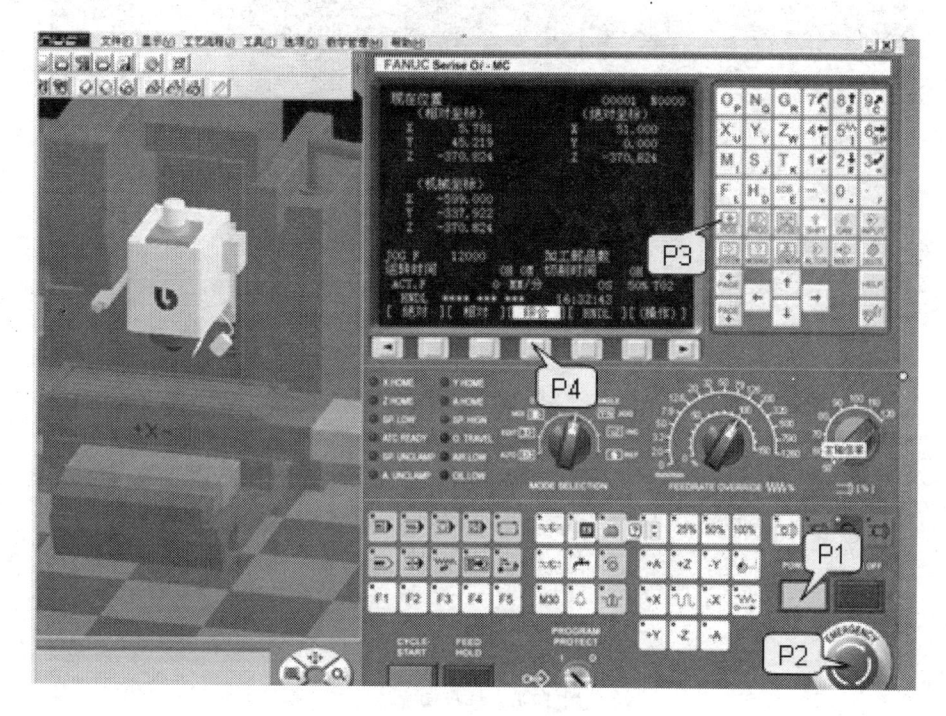

图 12-5 机床操作初始化

12.3.2 回零操作

机床回零操作是建立机床坐标系的过程。回零操作是实际机床在打开机床电源后，首先要进行的操作。即在机床找到 X 轴、Y 轴、Z 轴，这 3 个轴的极限位值后，将机床坐标系的值清零，建立机床坐标系。

FANUC 0i 系统采用自动回零操作，如图 12-6 所示，"模式选择"旋钮指向原点回归模式(图 12-6 中 P1)，首先将 Z 轴回零，然后将 X 轴和 Y 轴依次回零，其中 X 轴、Y 轴的回零方式与 Z 轴回零方式相同。Z 值回零，用鼠标单击"+Z"按钮(图 12-6 中 P2)，再单击"回原点"按钮(图 12-6 中 P3)，Z 轴就开始回原点，回原点后，Z 指示灯亮。同理方式鼠标单击"+X"按钮(图 12-6 中 P4)，再按下"回原点"按钮(图 12-6 中 P3)。再单击"+Y"按钮(图 12-6 中 P5)，再单击"回原点"按钮(图 12-6 中 P3)，这样就完成了机床回归原点操作。

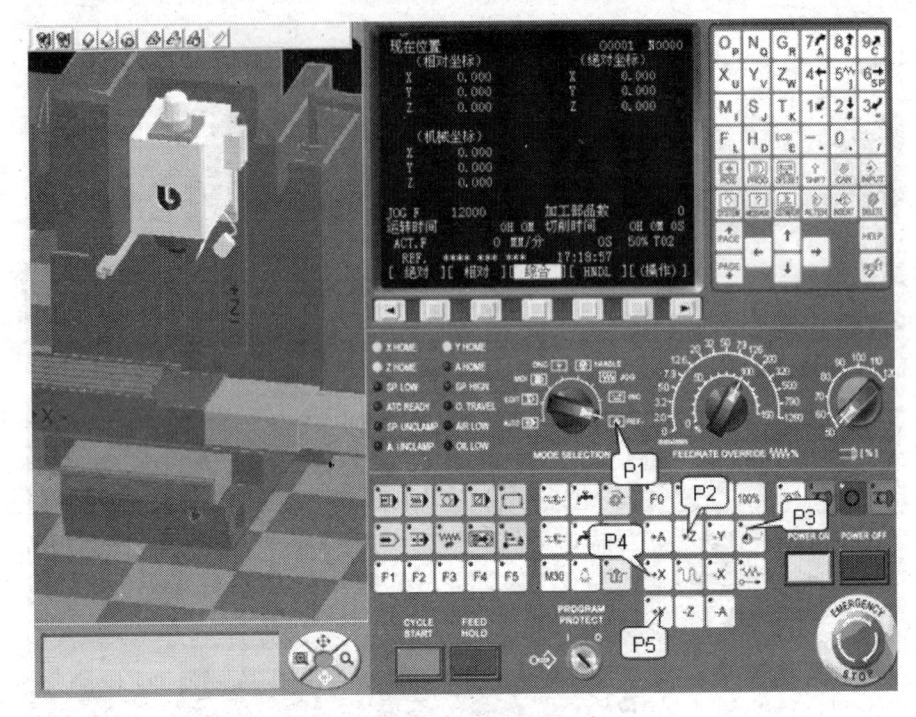

图 12-6 机床回原点

12.4 安装工件和工艺装夹

12.4.1 定义毛坯尺寸

如图 12-7 所示，选择菜单"工艺流程/毛坯"命令或选择"定义毛坯"命令(图 12-7 中 P1)，弹出"毛坯零件列表"对话框，定义新毛坯(图 12-7 中 P2)，弹出"铣床毛坯"对话框，定义毛坯尺寸为 46×46×40，毛坯材料确定为"铝"(图 12-7 中 P3)，接下来选择毛坯的装夹方式。

12.4.2 选择装夹方式

如图 12-8 所示，在"铣床毛坯"中设定毛坯夹具可以选择为工艺板、压板、虎钳。在这里我们选择毛坯的夹具为"工艺板"选项，接下来单击"设定压板"按钮(图 12-8 中 P4)，然后选择压板类型(图 12-8 中 P5)，完成后，单击"确定"按钮(图 12-8 中 P6、P7)。这样，毛坯的装夹方式选择完毕。

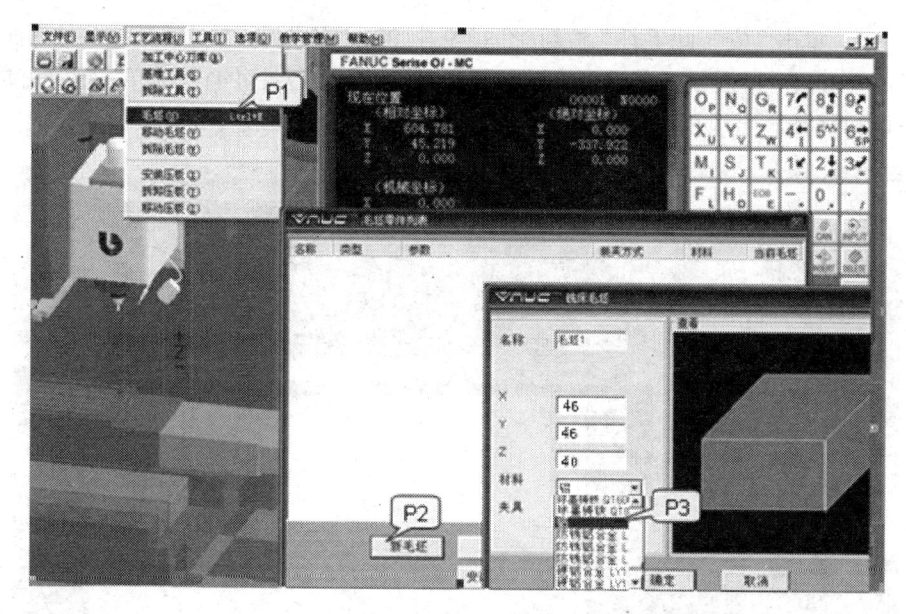

图 12-7 毛坯的设定

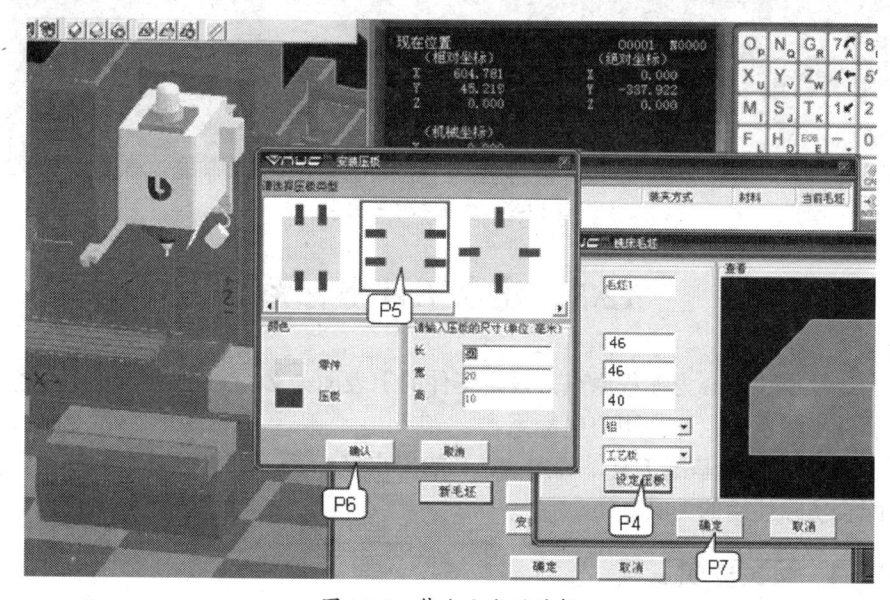

图 12-8 装夹方式的选择

12.4.3 放置夹具和毛坯

如图 12-9 所示,在"毛坯零件列表"中选取名称为"毛坯 1"的零件(图 12-9

中P1)，单击"安装此毛坯"按钮(图12-9中P2)，完成后，单击"确定"按钮(图12-9中P3)，最后鼠标单击"安装压板"按钮(图12-9中P4)。这样，定义好的毛坯和夹具，出现在机床工作台面上，就完成了毛坯的放置和夹具的定位。

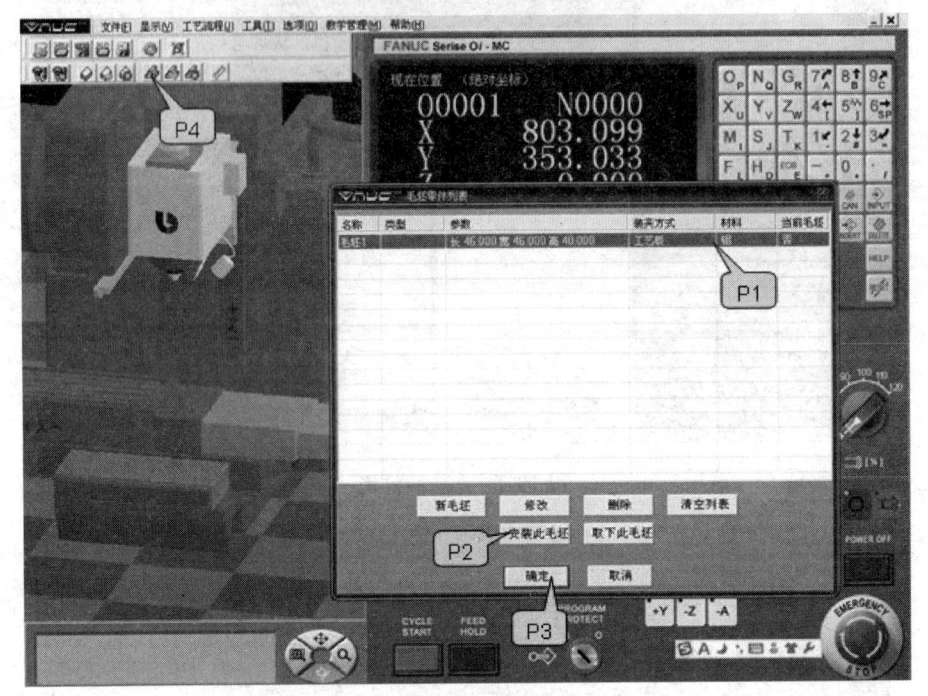

图12-9 放置毛坯和夹具

12.5 建立工件坐标系

选择零件中心为编程原点，设定工件的上表面为Z0，工件的对称中心位置为工件坐标系，也称为用户坐标系。

首先，选择基准工具，确定X、Y的用户坐标系，而Z轴基准的确定，需要配合实际使用的刀具。

12.5.1 安装基准工具

如图12-10所示，在主菜单栏里面选择"工艺流程"→"基准工具"(图12-10中P1)命令，弹出"基准工具"对话框，可以设定基准工具的长度和半径值，在这里我们采用默认值。单击"确定"按钮。基准工具将出现在机床主轴上。

110

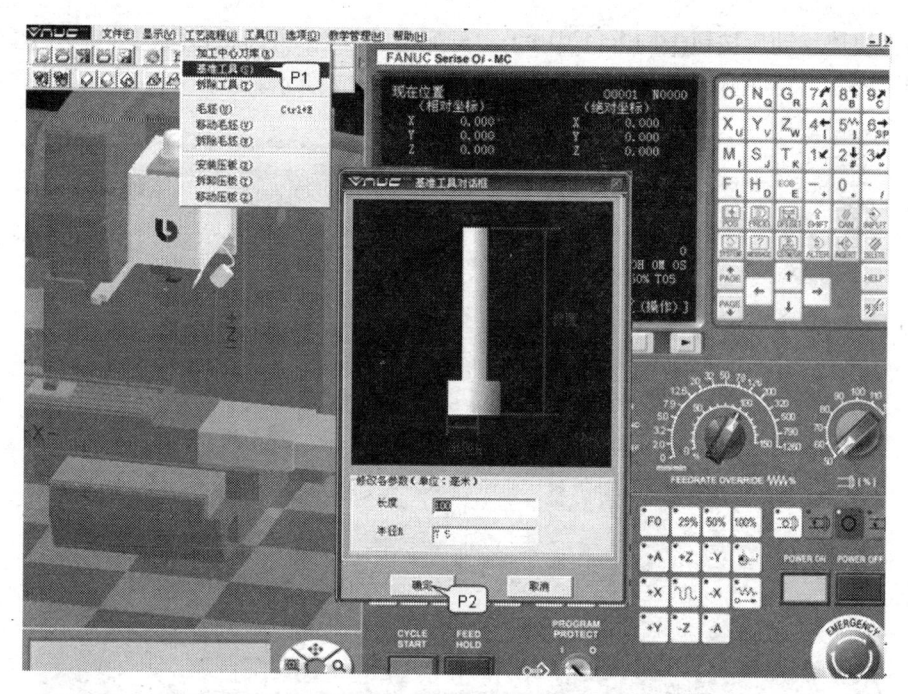

图 12-10 安装基准工具

使用基准工具可以帮助建立用户坐标系，方便编制程序。这种工具是刚性样柱(寻边器-整体式)，价格低，是实际工作使用较多的基准工具。使用时，主轴静止，与零件不接触，利用塞尺来测量刚柱与零件之间的间隙，从而确定 X 轴和 Y 轴的基准。因为测量刚柱与零件的间隙，有赖于操作者的判断，所以精度比较低，通常精度在 0.03～0.06 之间，如果操作者有较高的操作技能，精度可到 0.03。刚性样柱在小规模的模具企业使用较广。

还有一种是弹性样柱(寻边器-偏置式)，价格中等。使用时，主轴转速为 400r/min～600r/min，当样柱与零件接触时，由于离心力的缘故，轻微接触，就会产生明显的偏心迹象，使用方便。精度为 0～0.03，如果操作者有较高的操作技能，精度可到达 0.005～0.01。

12.5.2 确定 X 轴、Y 轴的基准

用 VNUC 仿真软件的刚性样柱来确定零件 X 轴、Y 轴的基准。步骤有以下几个方面。

1. 刚性样柱与零件毛坯快速接近

用鼠标选择"模式选择"旋钮使其指向手动进给 JOG (图 12-11 中 P1)，单

击"快速移动"按钮(图 12-11 中 P2),再配合 X/Y/Z 方向按钮(图 12-11 中 P3、P4、P5),直到刚性样柱接近零件为止,如图 12-11 所示。

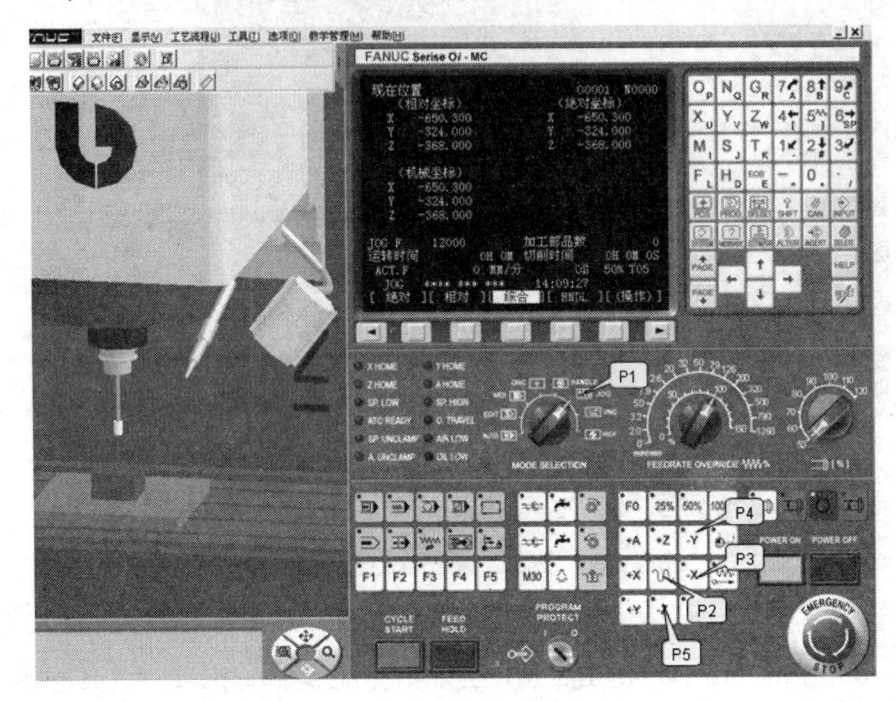

图 12-11 移动工作台

2. 确定 X 轴的基准

如图 12-12 所示,调整观察零件的视角,选择菜单"显示"命令,这时可选择菜单"显示/透明显示"命令,调整放大视角,方便观察。

刚性样柱接近零件后,为保证操作安全,必须选择使用菜单"工具/辅助视图"命令(图 12-12 中 P1)以及菜单"显示/显示手轮"命令(图 12-12 中 P2),这时辅助视图和手轮将出现在操作面板上。

如图 12-12 所示,用鼠标选择"模式选择"旋钮使其指向"手轮进给模式",调节手轮控制轴向为 X 方向,调节移动速度倍率,转动手轮,转动方法是:鼠标停留在手轮上,按鼠标左键,手轮左转,按鼠标右键,手轮右转。使基准工具移动到零件的正上表面。

此时,找工件在 X 轴上左边的机械坐标值如图 12-13 所示。在辅助视图里选择 XZ 平面(图 12-13 中 P1),转动手轮,让刚性样柱从零件左边逐渐接近零件。塞尺厚度选择 0.1mm,辅助视图下侧显示"塞尺检查结果:太松",在手轮上,按下鼠标右键,顺时针转动手轮,刚性样柱逐渐接近零件(图 12-13 中 P2),在

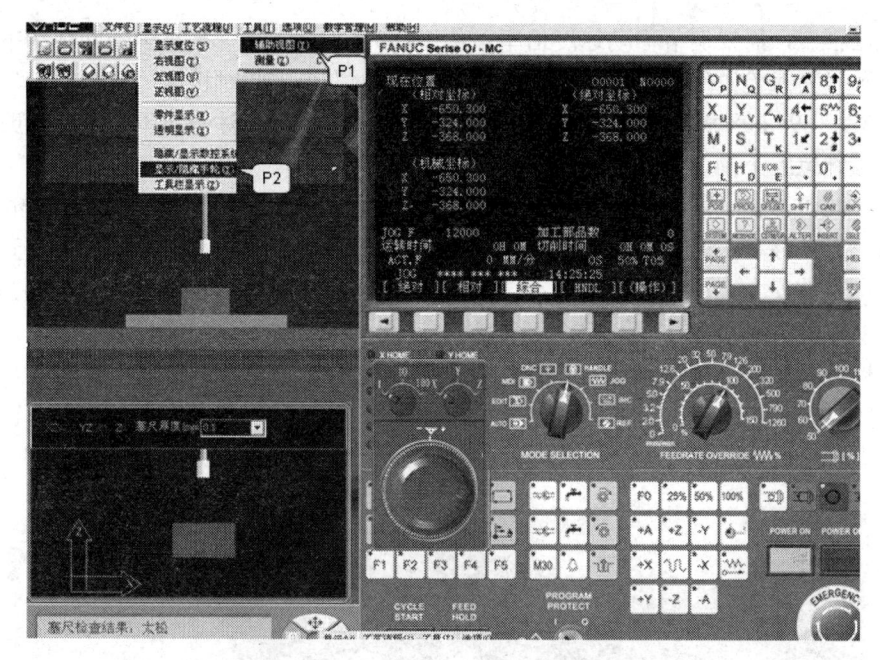

图 12-12 设定基准工具到零件上表面

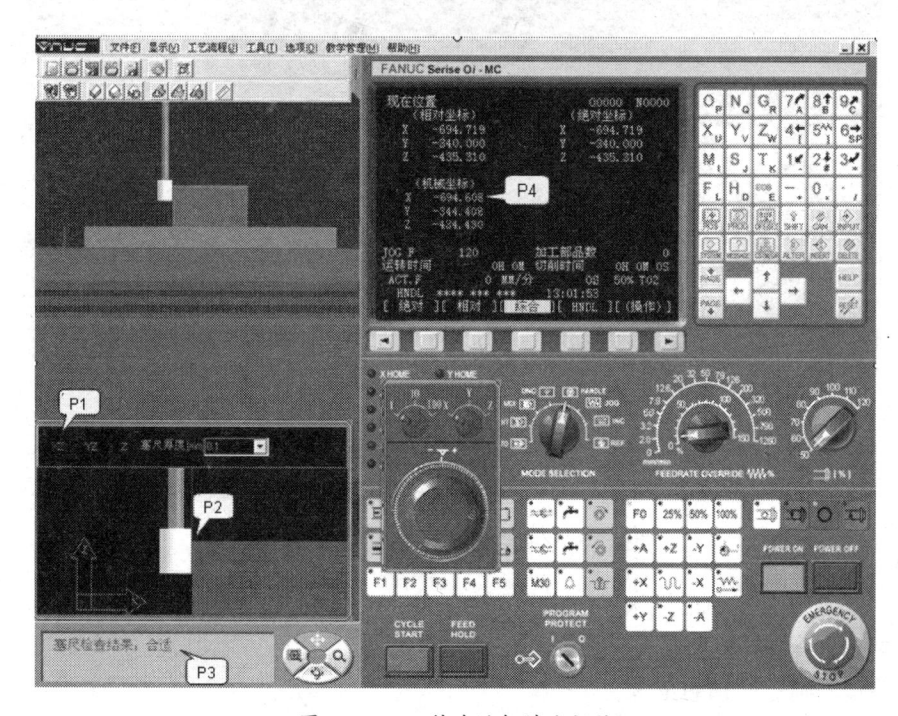

图 12-13 工件左边机械坐标值

113

这过程中，需要调节移动速度倍率，从X100→X10→X1，减小到辅助视图下侧显示"塞尺检查结果：合适"(图12-13中P3)为止。此时机床"机械坐标"为"X=-694.608"(图12-13中P4)。记下$X_左$=-694.608。注意：不同的零件或同一零件位置不同，此值也不同。

此时，在辅助视图里选择XZ平面(图12-14中P1)，塞尺厚度选择0.1mm，切记不要移动Y轴，只移动X轴和Z轴。首先移动Z轴，将刚性样柱抬高到零件上方的安全高度，然后再移动X轴，将刚性样柱移动到零件的右边(图12-14中P2)，如图12-14所示，调节手轮移动速度倍率，从×100→×10→×1，让刚性样柱从零件右边逐渐接近零件，并且辅助视图下侧显示"塞尺检查结果：合适"(图12-14中P3)。此时机床"机械坐标"为"X=-605.166"(图12-14中P4)，记下$X_右$=-605.166。注意：不同的零件或同一零件位置不同，此值也不同。

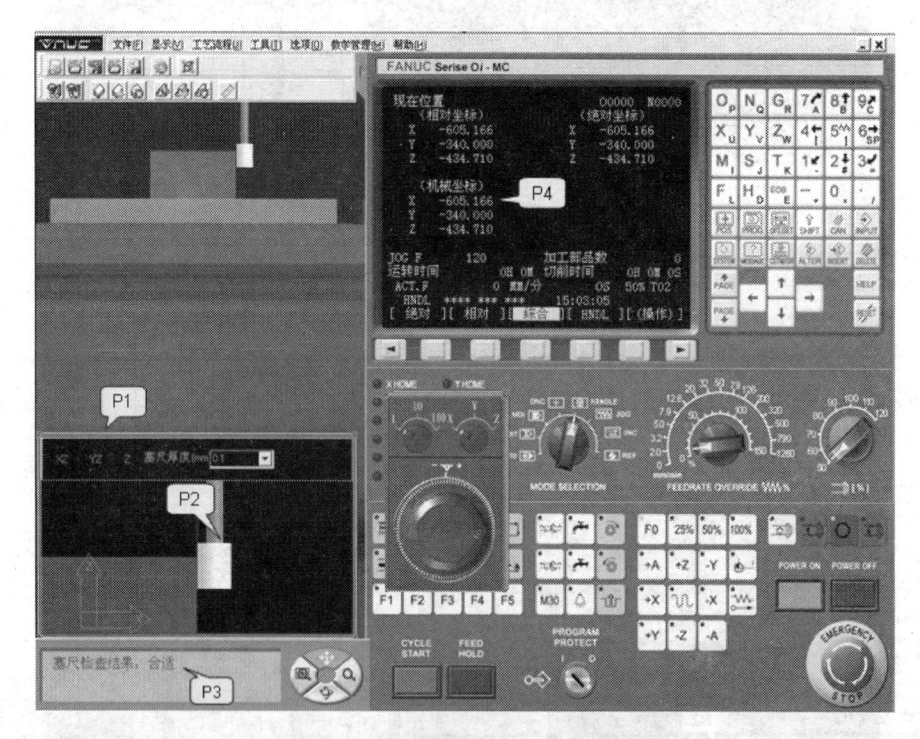

图12-14 确定X轴右边的机械坐标值

零件中心X轴的机床"机械坐标"值$X_中$=($X_左$+$X_右$)÷2=(-694.608-605.166)÷2=-649.887。

3. 确定Y轴的基准

选择菜单"视图/复位"并"放大视角"，至合适大小。使用手轮，首先移动 Z 向，将主轴提高到安全位置，然后，移动 X 轴，将主轴移动到 X 轴的机械坐标值为 $X_中$(-649.887)的位置。此时，在辅助视图里选择 YZ 平面(图 12-15 中 P1)，塞尺厚度选择 0.1mm，切记到此时为止，不要再移动 X 轴，先将 Y 轴移动到零件的左侧(靠近操作者的方向)。然后，再移动 Z 轴，将基准工具下移到如图 12-15 所示(图 12-15 中 P2)的位置。

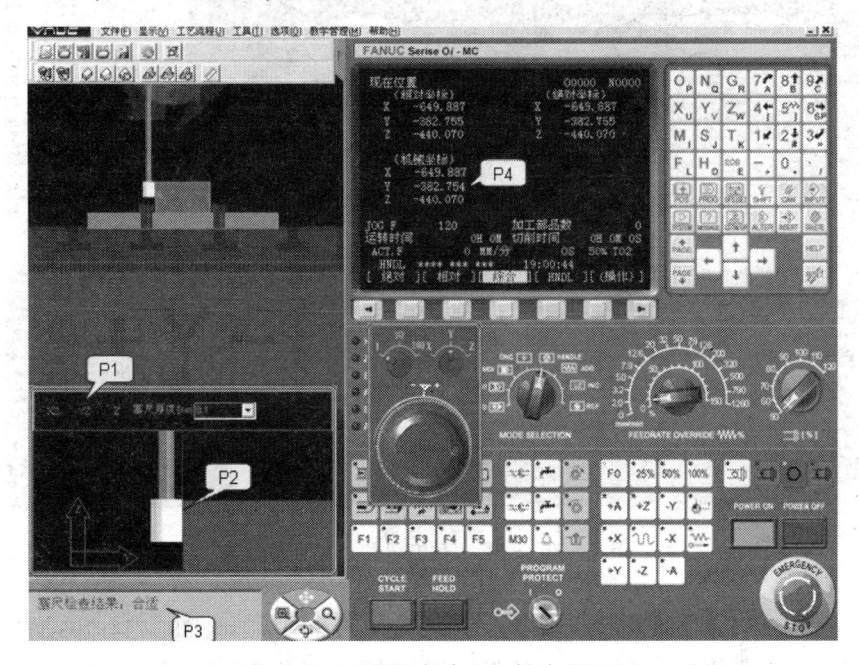

图 12-15 确定 Y 轴左边的机械坐标值

使用手轮，让刚性样柱从零件左边逐渐接近零件。向正方向，转动手轮，注意调节移动速度倍率，从×100→×10→×1。让刚性样柱逐渐接近零件，并且辅助视图下侧显示"塞尺检查结果：合适"(图 12-15 中 P3)。此时机床"机械坐标"为"Y=-382.754"(图 12-15 中 P4)。记下 $Y_左$=-382.754。注意：不同的零件或同一零件位置不同，此值也不同。

不移动 X 轴，保持 X 轴的机械坐标为 $X_中$= -649.887，只移动 Y 轴和 Z 轴。首先移动 Z 轴，将弹性样柱抬高到零件上方的安全高度，再移动 Y 轴，将刚性样柱移动到零件的右边(远离操作者的方向)，使用手轮，向负方向转动如图 12-16 所示，注意调节移动速度倍率，从×100→×10→×1，让刚性样柱从零件右边逐渐接近零件，并且辅助视图下侧显示"塞尺检查结果：合适"(图 12-16 中 P3)。此时机床"机械坐标"为"Y= -293.312"(图 12-16 中 P4)。记下 $Y_右$= -293.312。注意：不同的零件或同一零件位置不同，此值也不同。

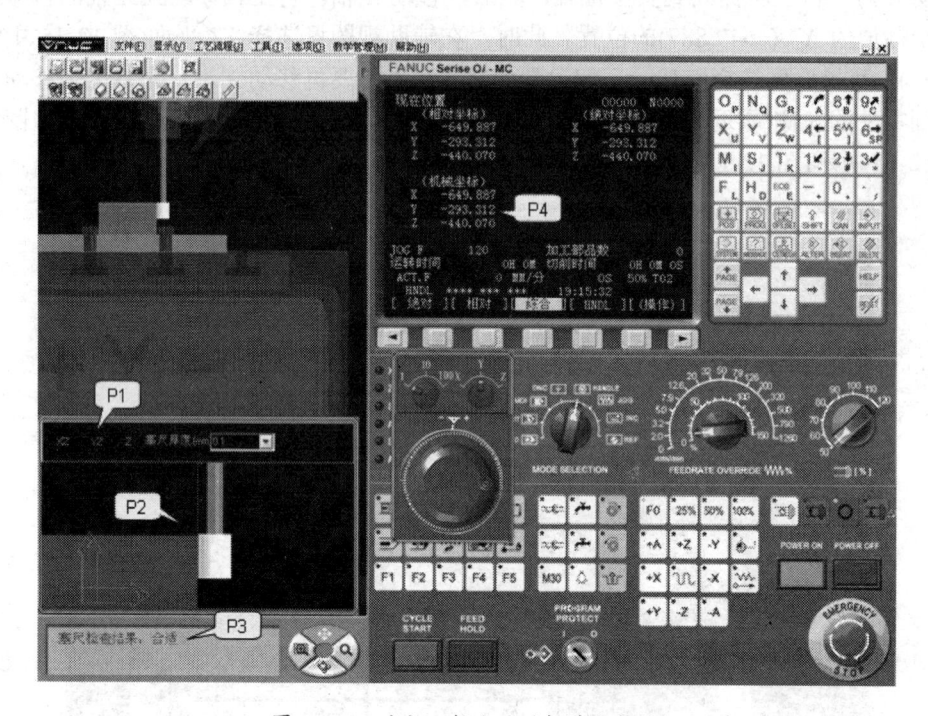

图 12-16　确定 Y 轴右边的机械坐标值

零件中心 Y 轴的机床"机械坐标"值 $Y_{中}=(Y_{左}+Y_{右})\div2=(-382.754-293.312)\div2=-338.033$。最终得出：零件中心的 X 轴和 Y 轴即为的机床"机械坐标值"(-649.887，-338.033)。将手轮隐藏，将基准工具拆除。

4. 建立工件坐标系

如图 2-17 所示，用鼠标按下 OFFSET SETTING(图 12-17 中 P1)，接着按下 CRT 中"坐标系"下面对应的白色软键按钮(图 12-17 中 P2)，进入用户坐标系，由于通常是使用 G54 用户坐标系，所以移动光标(图 12-17 中 P3)，当然，我们也可以采用手动输入法，将零件中心的 X 轴和 Y 轴的机床"机械坐标值"(-649.887，-338.033)输入到 G54 坐标系中(图 12-17 中 P4)。或者，将主轴移动至机械坐标(-649.887,-338.033)，在工件坐标系设定里输入 X0 单击"测量"按钮，输入 Y0 单击"测量"按钮，这时候，机床自动把工件中心点记录到 G54 坐标系中。这样，就建立了用户坐标系。注意：G54 坐标系的 Z 值应该保持为零。

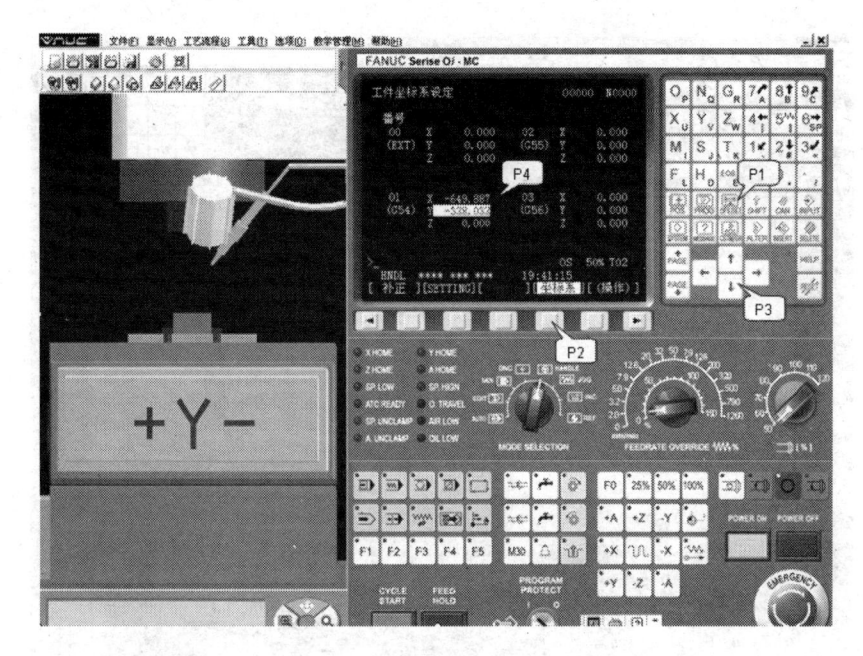

图 12-17 建立工件坐标系

12.6 安装刀具和换刀

12.6.1 安装刀具

刀具参数如图 12-18 所示。操作步骤如下：

选择主菜单里"工艺流程/加工中心刀库"命令或选择"选择刀具"命令(图 12-18 中 P1)，弹出"刀具库"对话框。

(1) 选择主轴位置为"1"(图 12-18 中 P2)。

(2) 在写出刀具名时，输入刀具名为"1"号刀具(图 12-18 中 P3)，刀具型号为"端铣刀"(图 12-18 中 P4) 主轴的转向和刃数都为默认值。"所需刀具直径"对话框中输入"16"(图 12-18 中 P5)，单击"确定修改"按钮(图 12-18 中 P6)。这样，第一把刀具直径为 16mm 的端铣刀已装夹在刀库里。

(3) 重复步骤(1)～步骤(2)，选择完成 NC 机床数据表中所列出的刀具。

(4) 完成后，单击"确定"按钮，所选刀具出现在刀库中。

12.6.2 自动换刀

(1) 输入一段小程序，将 T1(ϕ16mm)端铣刀换到主轴上。

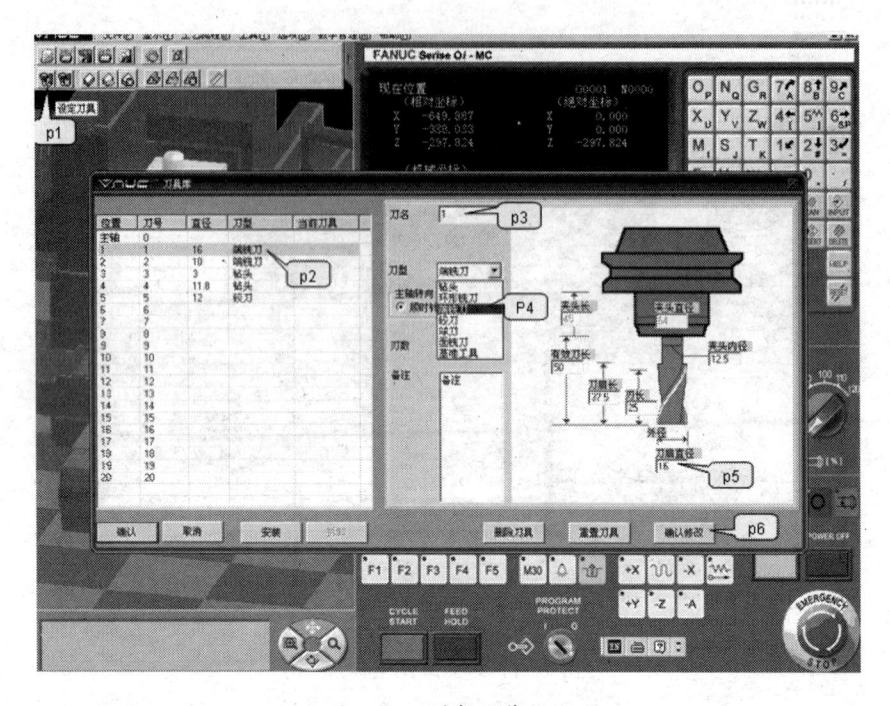

图 12-18 选择安装刀具

如图 12-19 所示，用鼠标选择"模式选择"旋钮使其指向"编辑"模式(图 12-19 中 P1)，单击系统面板中的"程序"按钮(图 12-19 中 P2)，输入程序(图 12-19 中 P3)命令：

O0002
G91 G28 Z0
T1 M6
G90 G54 G0 X0 Y0
M30
%

(2) 自动换刀

如图 12-20 所示，按下"复位"键 (图 12-20 中 P1)，程序返回程序头，用鼠标选择"模式选择"旋钮使其指向"自动加工"(图 12-20 中 P2)，进给倍率调到 50%(图 12-20 中 P3)，CRT 屏幕显示如图 12-20 所示，接着单击程序"循环启动"(图 12-20 中 P4)按钮。

仿真机床自动将 1 号刀具换到主轴上，换刀完成后，主轴自动移动到工件上方。

118

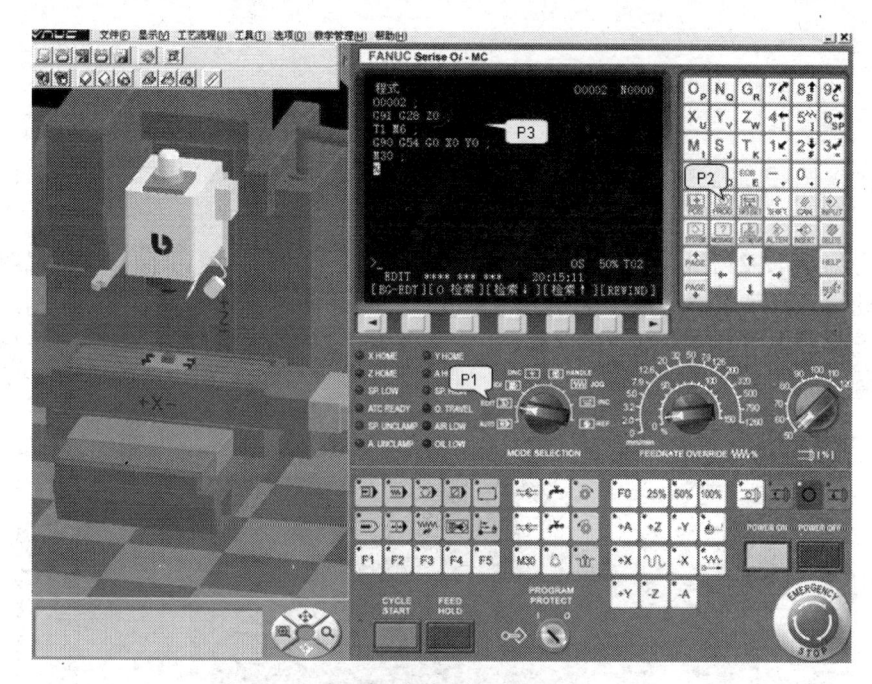

图 12-19 进入编辑(EDIT)模式

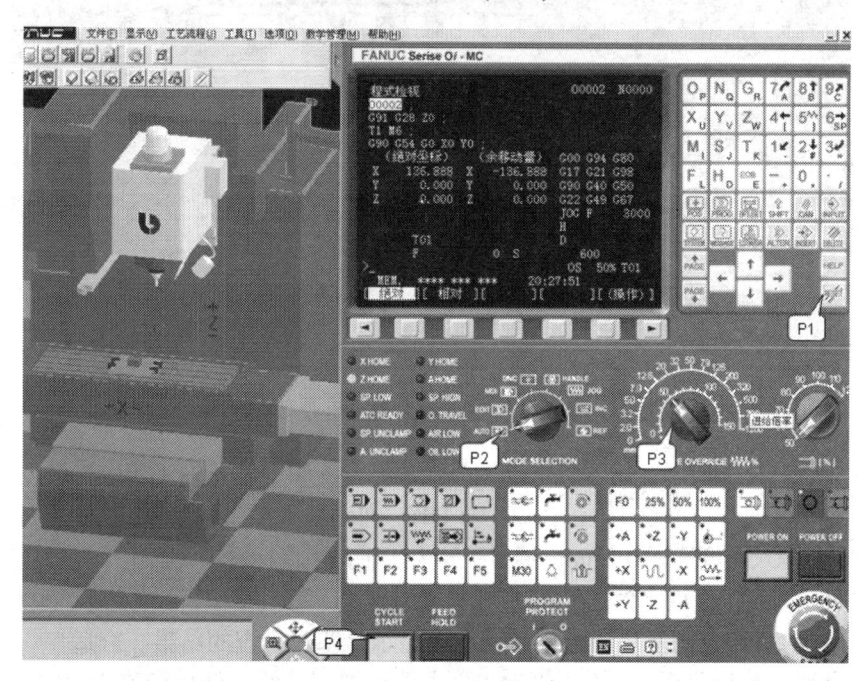

图 12-20 自动换刀

12.7 确定刀具长度补偿

12.7.1 测量刀具长度补偿值

如图 12-21 所示，选择菜单"显示"命令(图 12-21 中 P1)里面显示正视图和手轮。选择菜单"工具"命令(图 12-21 中 P2)，此时，软件显示辅助视图，出现塞尺检查信息提示框。用鼠标单击系统面板，调整 CRT 屏幕，使之显示坐标位置页面。

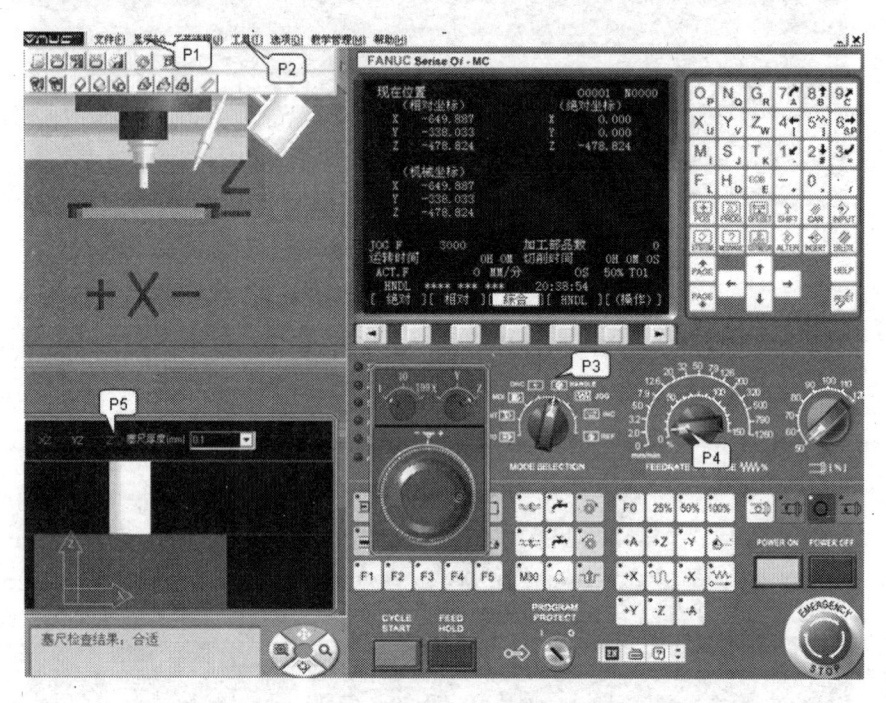

图 12-21 测量刀具长度补偿值

如图 12-21 所示，用鼠标选择"模式选择"旋钮使其指向"手轮"(图 12-21 中 P3)，再调小进给倍率(图 12-21 中 P4)，在辅助视图里选择 Z 平面(图 12-21 中 P5)，塞尺厚度选择 0.1mm。调节手轮为 Z 轴，用鼠标左键，点击手轮，让刀具从零件上方逐渐接近零件。在这过程中，要注意调节移动倍率，由大到小，即×100→×10→×1，直到塞尺检查信息提示框显示"塞尺检查的结果：合适"。

此时，机床坐标系"MACHINE"中第一把刀具的 Z 轴坐标值为-478.724。所以，刀具长度补偿值中 H_1 的值是：$H_1=Z_1-Z_{塞尺}=-478.724-0.1=-478.824$

同理，输入一段小程序，将 T2(ϕ10mm)"程序"端铣刀换到主轴上。如图 12-22 所示，先把"模式选择旋钮"调到"程序编辑"状态(图 12-22 中 P1)，再配合"程序"键(图 12-22 中 P2)编辑程序，用鼠标单击系统面板中的"光标键"下标箭头(图 12-22 中 P3)，让光标移动到 T1 上，在缓冲区输入命令：T2(图 12-22 中 P4)，然后，用鼠标按下"覆盖"键(图 12-22 中 P5)，将 T1 替换成 T2，然后按下"复位"键(图中 P6)，光标回到程序头，程序就修改完成了。

图 12-22　换刀程序

接着用鼠标选择"模式选择"旋钮使其指向"自动"，单击"循环启动"按钮，仿真机床自动将 2 号刀具换到主轴上，换刀完成后，主轴自动移动到工件上方。接着是确定 2 号刀具的长度补偿值。

确定 2 号刀具的长度补偿值(H_2)。(夹头长 45，有效刀具长 50)，此时，重复机床坐标系中的 Z_2=-478.724，刀具长度补偿值中的 H_2 值是：$H_2=Z_2-Z_{塞尺}$=-478.724-0.1=-478.824。

现在所使用的机床是加工中心，共有 5 把铣刀，则需要重复图 12-20、图 12-21、图 12-22 所示的过程共 5 次。

按照 T2 对刀的过程，得到 3 号刀具的长度补偿 H_3=-478.824。

按照 T2 对刀的过程，得到 4 号刀具的长度补偿 H_4=-478.824。

按照 T2 对刀的过程，得到 5 号刀具的长度补偿 H_5=-478.824。

12.7.2　输入刀具补偿值

在这里我们所选择的 5 把刀具的夹头长度和有效刀具长度是一样的，所以，我们所得到的刀具长度补偿值是相同的。

将每一把刀具的 H 值登录到刀具长度补偿中，操作步骤如图 12-23 所示。用鼠标单击 OFFSET SETTING 按钮(图 12-23 中 P1)，CRT 界面中是刀具补正画面(图 12-23 中 P2)，在缓冲区输入刀具长度补偿值(图 12-23 中 P3)，再单击 INPUT 按钮(图 12-23 中 P4)，把数值输入进去。

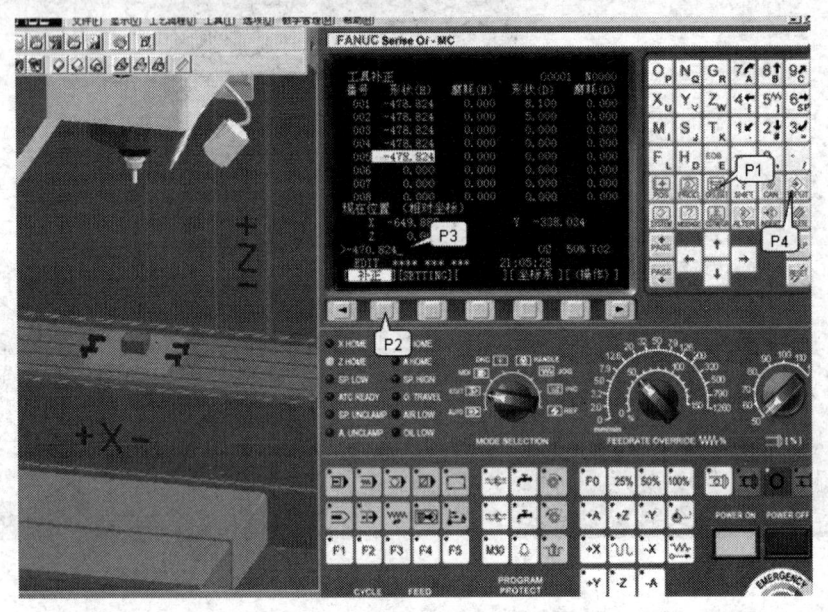

图 12-23　登录刀具长度补偿值

长度补偿值将在程序中，用 G43 Hxx 命令的方式调用这些补偿值，如果程序中没有 G43 命令，这些长度补偿值是无效的。

两个刀具的半径补偿值在程序中，需要用到 $D_1(8.1)$，$D_2(5.0)$ 表示，按照顺序输入到形状(D)项目下(图 2-23)，在程序中，用 G41 Dxx 或 G42 Dxx 命令的方式调用这些补偿值，如果程序中没有 G41 或 G42 命令，这些半径补偿值无效。

12.8　传输 NC 程序

录入程序有 3 种方式：

(1) 短小程序的录入(程序长度小于 10KB)：用 MDI 控制面板往显示屏里面

输入程序，具体方法如图 12-24 所示。

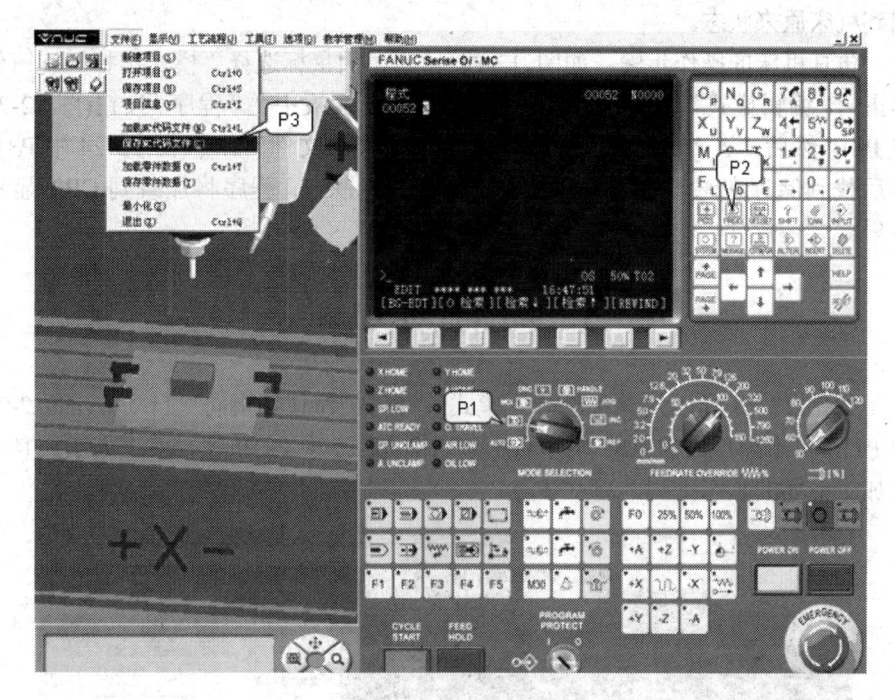

图 12-24 加载文件准备

(2) 中等长度的程序的录入(程序长度在 5KB～250KB 之间)：通过计算机与机床连接的通信端口，将程序直接传输到机床的内存中，方便快捷，这也是实际机床操作中，普遍采用的程序录入方式。数控仿真软件可以仿真这种传输方式，并且传输的程序长度支持到 4MB。

(3) 超长度程序的录入(程序长度在 200KB～20MB 或更大)：超长度的程序，只会出现在复杂曲面的加工中，实际工作中，这种情况比较少，实际机床操作中是采用边传输边加工的在线加工方式。

注意：如果是手工录入 NC 程序，应该仔细检查程序是否有语法错误。但是如果程序出现逻辑错误，是无法检测出来的。与实际机床不一样的是，数控加工仿真系统，不提供刀具轨迹显示的功能，但实际机床有这个程序试运行(调试程序)功能，利用这个功能，可以看到程序的刀具轨迹。在实际机床中显示刀具轨迹的操作步骤如下：

在保证机床运行安全的状况下，用鼠标选择"模式选择"旋钮使其指向"自动"，单击系统面板中的"程序"按钮。再单击 CUSTOM GRAPH 按钮,机床显示区变成黑色区域，单击操作面板上的"循环启动"按钮，即可观察数控程序

123

的运行轨迹。检查刀具轨迹完成后，单击系统面板中的 CUSTOM GRAPH 按钮，回到机床原来状态。

仿真机床的操作步骤：如图 12-24 所示，用鼠标选择"模式选择"旋钮使其指向"编辑模式"(图 12-24 中 P1)，单击系统面板中的"程序"按钮(图 12-24 中 P2)。然后，从文件菜单里选择"加载 NC 代码文件"命令(图 12-24 中 P3)，然后找到储存在记事本的程序，单击"打开"按钮，程序将加载到 CRT 显示屏里。

12.9 自动加工

如图 12-25 所示用鼠标选择"模式选择"旋钮使其指向"自动"(图 12-25 中 P1)，单击操作面板上的"循环启动"(图 12-25 中 P2)按钮，就进入了刀具自动加工毛坯的状态(图 12-25 中 P3)。

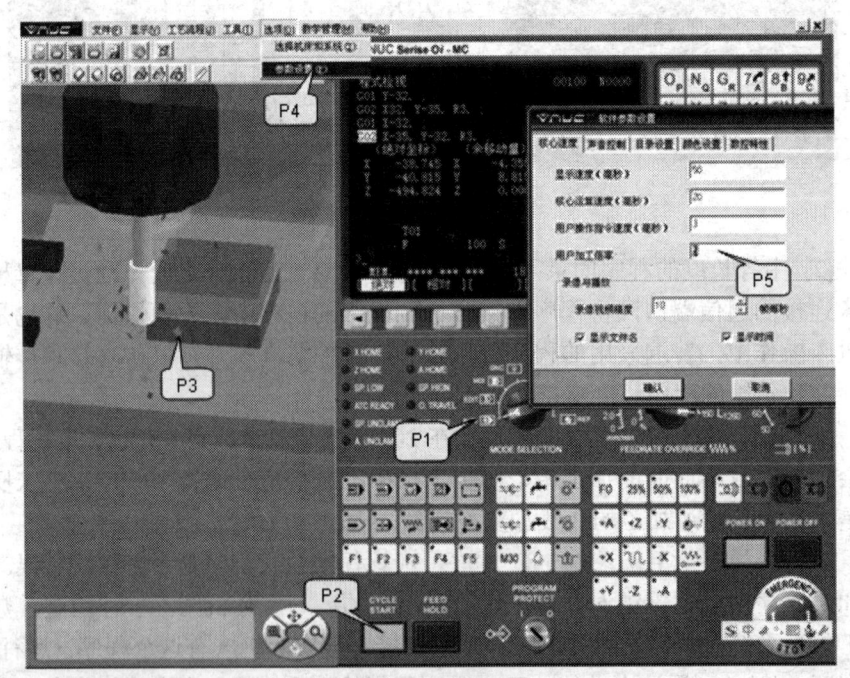

图 12-25　自动加工状态

如图 12-25 所示，在主菜单里"选项"里选择"参数设定"命令(如 12-25 图 P4)，弹出"软件参数设置"对话框，在这个对话框中，数控加工仿真系统提供了一个特殊的功能，即可以调整仿真速度倍率(图 12-25 中 P5)，默认是"1"

此时的加工速度，与实际加工速度差不多，修改这个值为5，仿真系统将以给定的加工速度的5倍进行加工，这样可以看到程序快速运行的结果，如果切削过程中，需要仿真实际机床切屑声音，可以将"软件参数设置"里面的声音控制打开，完成后，单击"确定"按钮即可。

12.10 程序的输入校验

输入以下程序，进行程序的校验和仿真加工。

```
%
O0100;
G91G28Z0;
T1(T2)M6;
G90G54G0X0Y0S600M3;
G43H01(H02)Z100.0;
X40.0 Y0;
Z10.0M08;
G01Z-6.0F60;
G01G41X21.5D01(D02)F80;
G01Y-19.5;
G02X19.5Y-21.5R2.0;
G01X-19.5;
G2X-21.5Y-19.5R2.0;
G01Y19.5;
G02X-19.5Y21.5R2.0;
G01X19.5;
G02X21.5Y19.5R2.0;
G01Y-1;
G01G40X40.0;
G00Z100;
M05;
M09;
M30;
%
```

项目 13　华中世纪星 HNC-21M 数控铣系统基本操作

13.1　HNC-21M 数控铣系统面板

13.1.1　HNC-21M 数控系统面板

数控系统面板即 CRT/MDI 操作面板。本项目介绍的操作面板是华中数控系统公司的 HNC-21M 系统的操作面板，其中 CRT 是阴极射线管显示器的英文缩写(Cathode Radiation Tube，CRT)，而 MDI 是手动数据输入的英文缩写(Manual Date Input，MDI)。图 13-1 所示为 CRT 标准键盘的操作面板。

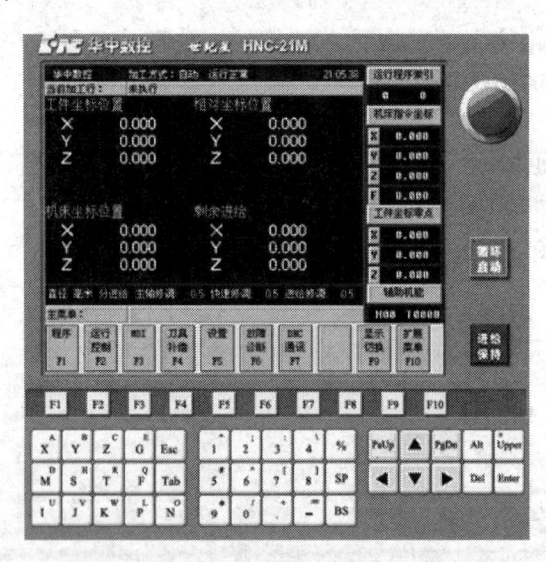

图 13-1　数控系统面板

13.1.2　MDI 键盘说明

HNC-21M MDI 键盘说明见表 13-1。

表 13-1 HNC-21M MDI 键盘说明

名　称	功　能　说　明
地址和数字键 X 2	按下这些键可以输入字母，数字或者其他字符
"切换"键 Upper	在键盘上的某些键具有两个功能。按下"切换"键可以在这两个功能之间进行切换
"输入"键 Enter	按下此键可以将输入到缓冲区的内容输入到数控系统内存
"替换"键 Alt	按下此键可以用缓冲区的内容替换光标处的内容
"删除"键 Del	按下此键可以删除内存的数控程序代码内容
翻页键 PgUp PgDn	按下 PgUp 可以向前翻页，按下 PgDn 可以向后翻页
光标移动键	▶：用于将光标向右或者向前移动。 ◀：用于将光标向左或者往回移动。 ▼：用于将光标向下或者向前移动。 ▲：用于将光标向上或者往回移动。

13.1.3　菜单命令条说明

数控系统屏幕的下方就是菜单命令条，如图 13-2 所示。

图 13-2　菜单命令条

由于每个功能包括不同的操作，在主菜单条上选择一个功能项，菜单条会显示该功能下的子菜单。例如，按下主菜单条中的"自动加工 F1"命令后，就进入自动加工下面的子菜单条，如图 13-3 所示。

图 13-3　"自动加工"子菜单

每个子菜单条的最后一项都是"返回"项，按该键就能返回上一级菜单。

13.1.4 快捷键说明

如图 13-4 所示快捷键，这些键的作用和菜单命令条是一样的。在菜单命令条及弹出菜单中，每一个功能项的按键上都标注了 F1、F2 等字样，表明要执行该项操作也可以通过按下相应的快捷键来执行。

图 13-4　快捷键

13.1.5 机床操作键说明

机床操作键按键说明见表 13-2。

表 13-2　机床操作键说明

名　称	功　能　说　明
"急停"键	用于锁住机床。按下"急停"键时，机床立即停止运动。 "急停"键抬起后，该键下方有阴影 "急停"键按下时，该键下方没有阴影
循环启动/保持	在自动和 MDI 运行方式下，用来启动和暂停程序
方式选择键	用来选择系统的运行方式。 自动：按下该键，进入自动运行方式。 单段：按下该键，进入单段运行方式。 手动：按下该键，进入手动连续进给运行方式。 增量：按下该键，进入增量运行方式。 回参考点：按下该键，进入返回机床参考点运行方式。 方式选择键互锁，当按下其中一个时(该键左上方的指示灯亮)，其余各键失效(指示灯灭)

(续)

名　称	功　能　说　明
进给轴和方向选择开关	在手动连续进给、增量进给和返回机床参考点运行方式下,用来选择机床欲移动的轴和方向。 其中的 快进 键为快进开关。当按下该键后,该键左上方的指示灯亮,表明快进功能开启。再按一下该键,指示灯灭,表明快进功能关闭
主轴修调	在自动或 MDI 方式下,当 S 代码的主轴速度偏高或偏低时,可用主轴修调右侧的 100% 键和 + 键、- 键,修调程序中编制的主轴速度。 按 100% 键(指示灯亮),主轴修调倍率被置为 100%;按 + 键,主轴修调倍率递增 10%;按 - 键,主轴修调倍率递减 10%
快速修调	自动或 MDI 方式下,可用快速修调右侧的 100% 键和 + 键、- 键,修调 G00 快速移动时系统参数"最高快速度"设置的速度。 按 100% 键(指示灯亮),快速修调倍率被置为 100%;按一下 + 键,快速修调倍率递增 10%;按 - 键,快速修调倍率递减 10%
进给修调	自动或 MDI 方式下,当 F 代码的进给速度偏高或偏低时,可用进给修调右侧的 100% 键和 + 键、- 键,修调程序中编制的进给速度。 按 100% 键(指示灯亮),进给修调倍率被置为 100%;按 + 键,主轴修调倍率递增 10%;按 - 键,主轴修调倍率递减 10%
增量值选择键	在增量运行方式下,用来选择增量进给的增量值。 ×1 为 0.001mm。 ×10 为 0.01mm。 ×100 为 0.1mm。 ×1000 为 1mm。 各键互锁,当按下其中一个时(该键左上方的指示灯亮),其余各键失效(指示灯灭)

(续)

名 称	功能说明
主轴旋转键	：按下该键，主轴正转。 ：按下该键，主轴停转。 ：按下该键，主轴反转
"刀位转换"键	在手动方式下，按一下该键，刀架转动一个刀位
"超程解除"键	当机床运动到达行程极限时，会出现超程，系统会发出警告音，同时紧急停止。要退出超程状态，可按下 键(指示灯亮)，再按与刚才相反方向的坐标轴键
"空运行"键	在自动方式下，按下该键(指示灯亮)，程序中编制的进给速率被忽略，坐标轴以最大快移速度移动
"程序跳段"键	自动加工时，系统可跳过某些指定的程序段。如在某程序段首加上"/"，且面板上按下该开关，则在自动加工时，该程序段被跳过不执行；而当释放此开关时，"/"不起作用，该段程序被执行
"选择停"键	选择停
"机床锁住"键	用来禁止机床坐标轴移动。显示屏上的坐标轴仍会发生变化，但机床停止不动

13.2 选择机床

结合 VNUC 数控加工中心仿真软件，以华中世纪星数控加工中心为例，具体操作过程如下：

选择"开始→程序→数控加工仿真软件"命令，在弹出的"登录用户"对话框中，选择快速登录，进入数控加工仿真系统。

进入 VNUC 系统后，出现如图 13-5 所示主界面。

进入后，从软件的主菜单栏里点击"选项"(图13-5中P1)命令，然后出现【选择机床和系统】对话框，选择机床类型"3轴立式加工中心"(图13-5中P2)，然后再选择"华中世纪星"(图13-5中P3)的数控系统，机床面板华中数控标准面板(手轮)(图13-5中P4)这样就选择了我们要采用的机床类型。

图13-5 选择机床类型

13.3 机床回零

机床回零操作是建立机床坐标系的过程。华中世纪星系统采用自动回零操作，在进行回零操作时首先打开急停按钮(图13-6中P1)，如图13-6所示，单击"回零参考点"按键(图13-6中P2)，首先将Z轴回零，用鼠标单击"+Z"按钮(图13-6中P3)，Z轴就开始回原点。同理，鼠标单击"+X"按钮(图13-6中P4)，再单击"+Y"按钮(图13-6中P5)，这样就完成了机床回归原点操作。

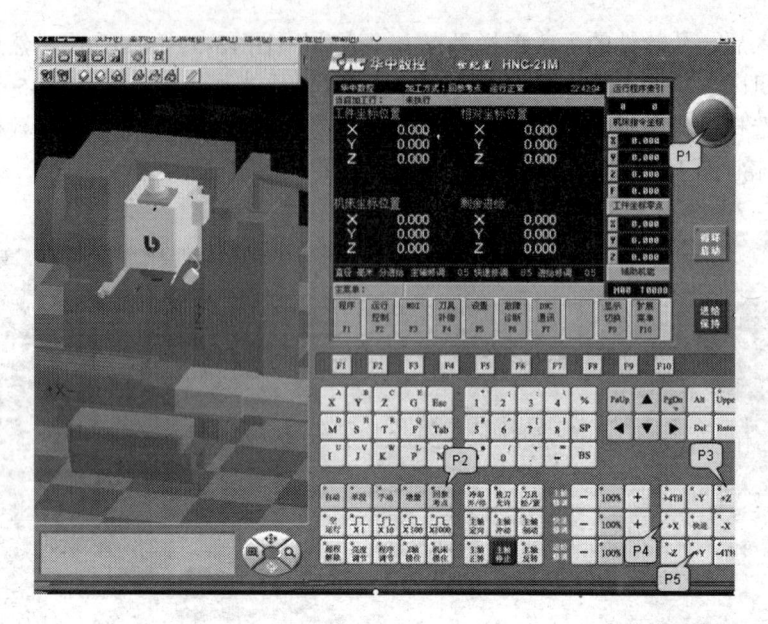

图 13-6 机床回原点

13.4 安装工件和工艺装夹

13.4.1 定义毛坯尺寸

首先在主菜单栏里选择"工艺流程"→"毛坯"命令，出现如图 13-7 所示的对话框。

图 13-7 毛坯零件列表

选择"新毛坯"命令，如图13-8所示，定义毛坯，按照对话框提示，定义毛坯尺寸为45mm×45mm×20mm。

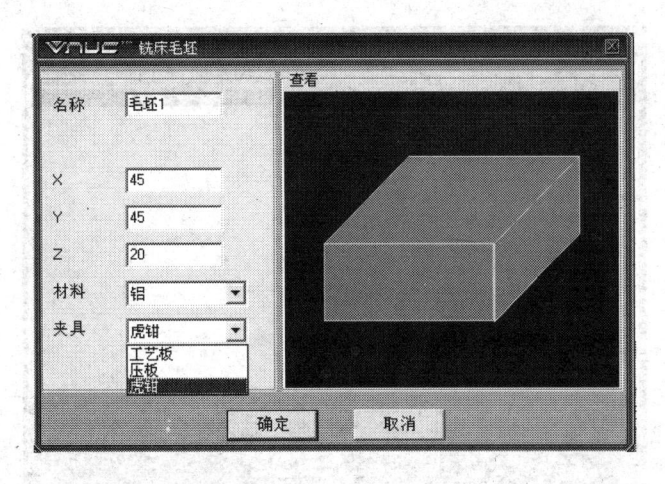

图 13-8　毛坯几何尺寸设置

13.4.2　毛坯的装夹

选择材料为铝材，再选择"夹具"命令，选择"虎钳"装夹方式，定义毛坯 1，点击"上、下、左、右"调整工件位置，最后单击"确认"按钮，如图 13-9 所示。

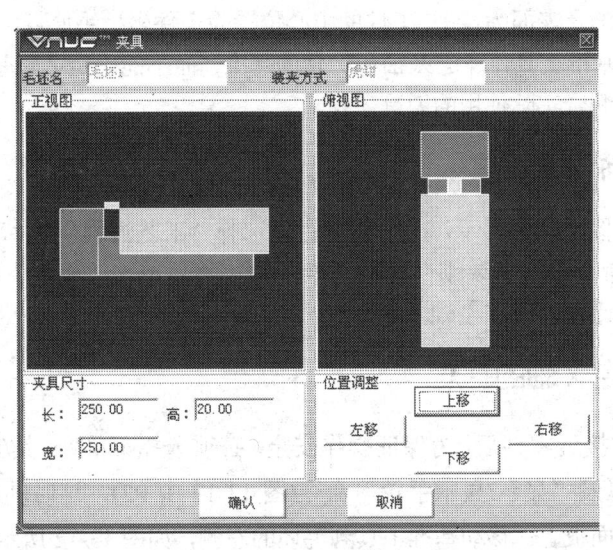

图 13-9　毛坯装夹

如图13-10所示，选择毛坯列表里面设定的毛坯，然后单击"安装此毛坯"按钮，当前毛坯由"否"变为"是"，单击"确定"按钮应用。

图13-10 当前毛坯设置

13.5 建立工件坐标系

设定工件的上表面为 $Z0$，工件的中心位置为工件坐标系原点，也叫用户坐标系原点。选择基准工具，确定 X 轴和 Y 轴的基准，而不能确定 Z 轴基准，Z 轴基准的确定，需要配合实际使用的刀具才行。

13.5.1 选择基准工具

首先，如图13-11所示，在主菜单栏里选择"工艺流程"→"基准工具"(图13-11中P1)命令，将出现刚性样柱基准工具。然后单击"确定"按钮(图13-11中P2)基准工具会出现在主轴上。

13.5.2 确定 X 轴的基准

刚性样柱接近零件后，为保证操作安全，必须选择菜单"工具/辅助视图"(图13-12中P1)以及"显示/显示手轮"命令(图13-12中P2)，这时辅助视图和手轮将出现在操作面板上。移动基准工具到毛坯的左侧，如图13-12所示的位置，同时选择塞尺厚度为 0.1mm，单击"增量"按钮(图13-12中P3)，同时单击选择

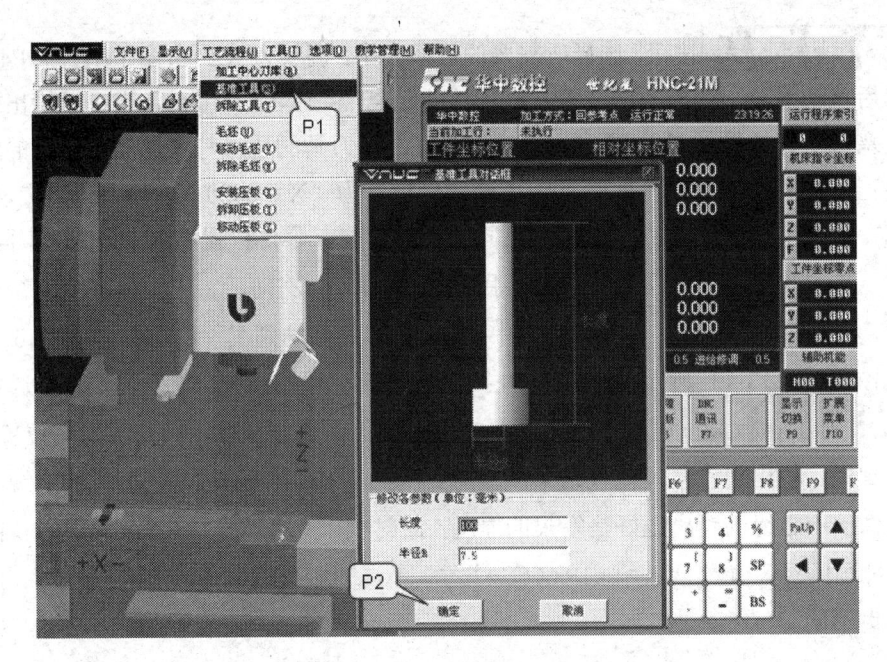

图 13-11 安装基准工具

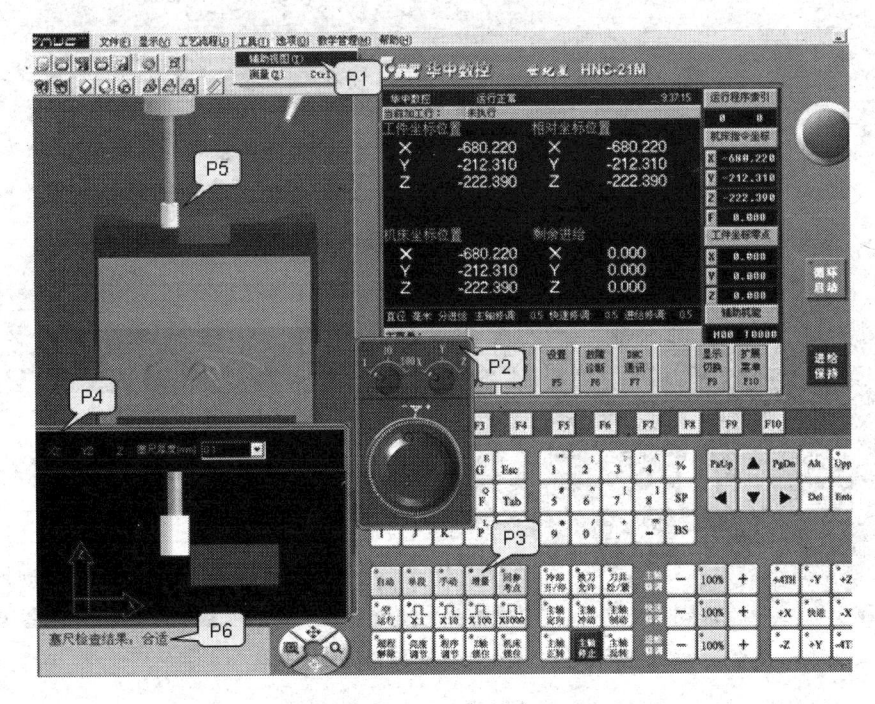

图 13-12 工件左边机械坐标值

![x1][x10][x100][x1000]按钮，选择所需要的倍率大小，调整为 XZ 面(图 13-12 中 P4)，然后移动手轮，适当的调节刀具与工件的距离(图 13-12 中 P5)，当提示栏出现"塞尺检查结果:合适"(图 13-12 中 P6)时，则刀具的边缘与零件的左边缘的距离正好是塞尺的厚度，此时机床"机械坐标"为"X=-680.220"(图 13-12 中 P4)。记下 $X_左$=-680.220。注意：不同的零件或同一零件位置不同，此值也不同。

单击"手动"按钮[手动]，使用手轮，首先移动 Z 向，将主轴提高到安全位置，分别控制[+X]、[-X](图 13-13 中 P1)，使刀具移动到工件的右侧(图 13-13 中 P2)，如图 13-13 所示。刚性样柱接近零件后，为保证操作安全，单击选择[x1][x10][x100][x1000]按钮，选择所需要的倍率大小，调整基准工具与工件的位置，直到提示栏出现"塞尺检查结果：合适"(图 13-13 中 P3)时，则刀具的边缘与零件的右边缘的距离正好是塞尺的厚度，此时机床"机械坐标"X=-619.666(图 13-13 中 P4)。记下 $X_右$=-619.666。注意：不同的零件或同一零件位置不同，此值也不同。

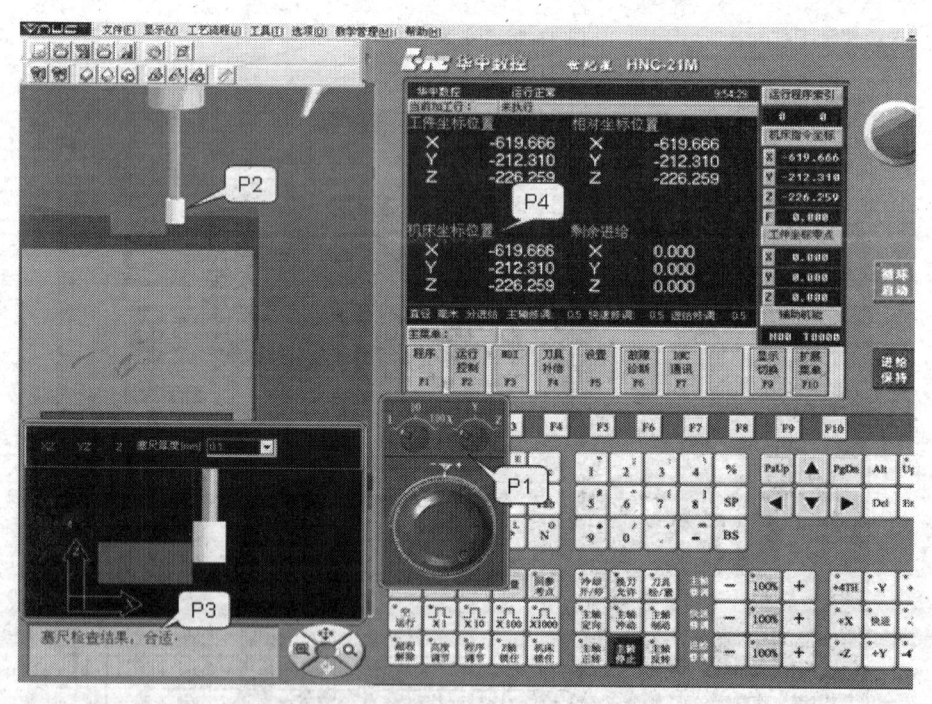

图 13-13　确定工件右边的机械坐标值

因此，零件中心 X 轴的机床"机械坐标"值 $X_中=(X_左+X_右)\div 2=(-680.220-619.666)\div 2=-649.943$。

13.5.3 确定 Y 轴的基准

如图 13-14 所示，使用手轮，首先移动 Z 向，将主轴提高到安全位置，然后，移动 X 轴，将主轴移动到 X 轴的机械坐标值为 $X_中$（即-649.943）（图 13-14 中 P1）的位置。此时，在辅助视图里选择"YZ"平面（图 13-14 中 P2），塞尺厚度选择 0.1mm，移动基准工具到毛坯的左侧，然后，再移动 Z 轴，将基准工具下移到图 13-14 中 P3 的位置。

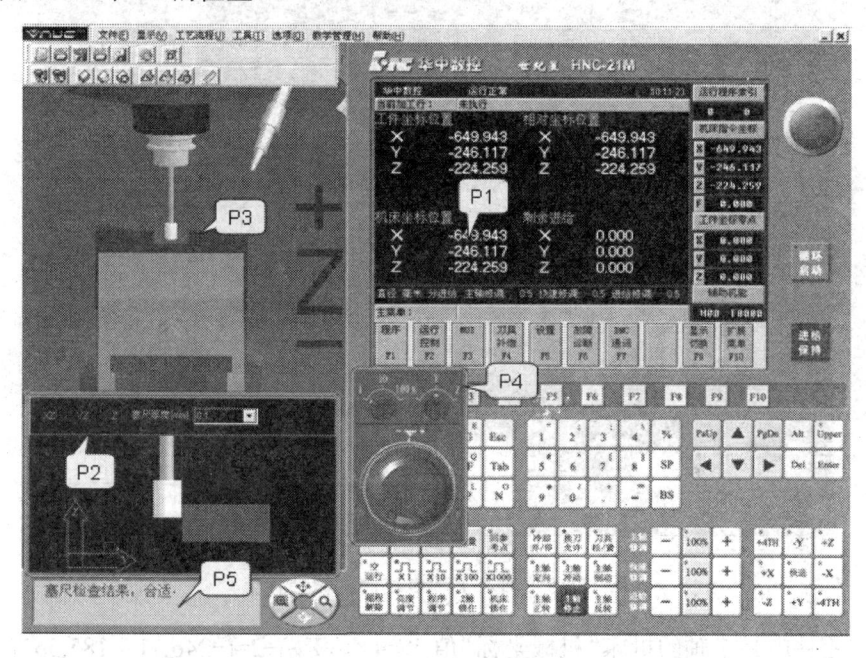

图 13-14 确定 Y 轴左边的机械坐标值

然后使用手轮，移动工作台 Y 轴适当的调节刀具与工件的距离（图 13-14 中 P4），当提示栏出现"塞尺检查结果，合适"（图 13-14 中 P5）时，则刀具的边缘与零件的左边缘的距离正好是塞尺的厚度，此时机床"机械坐标"为"$Y=-246.117$"（图 13-14 中 P1）。记下 $Y_左=-246.117$。注意：不同的零件或位置不同，此值也不同。

单击"手动"按钮 手动 ，使用手轮（图 13-15 中 P1），首先移动 Z 向，将主轴提高到安全位置，分别控制 +Y 、 -Y ，使刀具移动到工件的右侧（图 13-15 中 P2），如图 13-15 所示。刚性样柱接近零件后，为保证操作安全，单击选择按钮，选择所需要的倍率大小，调整基准工具与工件的位置(图13-15中P3)，直到提示栏出现"塞尺检查结果：合适"(图13-15中P4)时，则刀具的边缘与零件的左边缘的距离正好是塞尺的厚度，此时机床"机械坐标"为"Y=-185.565"(图13-15中P4)。记下$Y_右$=-185.565。注意：不同的零件或位置不同，此值也不同。

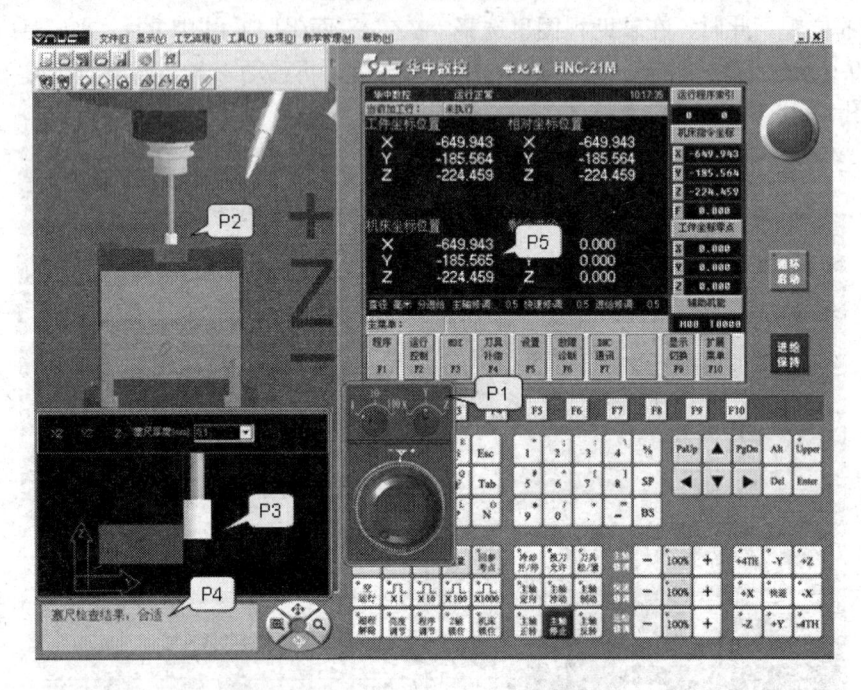

图 13-15 确定 Y 轴右边的机械坐标值

零件中心 Y 轴的机床"机械坐标"值 $Y_中=(Y_左+Y_右)\div 2=(-246.117-185.565)\div 2=-215.841$，到这里，零件中心的 X 轴和 Y 轴的机床"机械坐标值"都已确定为 (-649.943，-215.841)，这个值就可以输入到用户坐标系 G54 中。将手轮隐藏，将基准工具拆除。

13.5.4 建立工件坐标系

在主菜单栏里选择"显示"→"辅助视图"命令，选择关闭辅助视图。

单击显示屏功能"设置"按钮，再单击"坐标系设定"按钮，此时出现输入数据的提示，使用控制面板的数据按钮输入或者直接从计算机键盘输入"X-649.943 Y-215.841"如图 13-16 所示。

图 13-16　工件坐标系数值输入

其中若出现错误的输入时，可以单击 BS 按钮改正，最后单击 Enter 按钮将坐标值输入到数控系统中，如图 13-17 所示。

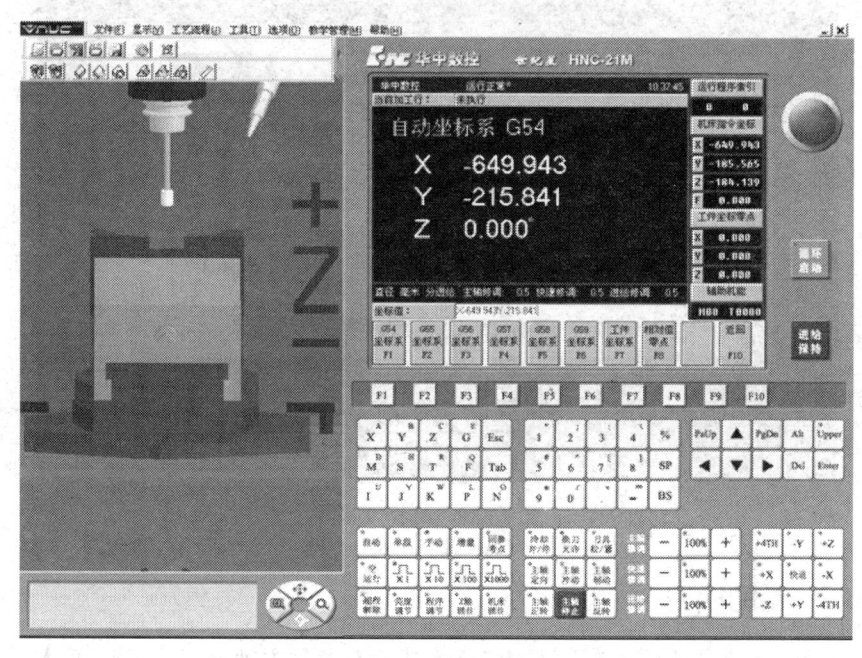

图 13-17　建立工件坐标系

13.6　安装刀具和换刀

13.6.1　安装刀具

刀具参数如图 13-18 所示。操作步骤如下：

选择主菜单里"工艺流程/加工中心刀库"命令，弹出"刀具库"对话框。

(1) 选择主轴位置为"2"（图 13-18 中 P2）。

(2) 在写出刀具名时，刀具名为"2"号刀具，刀具型号为"端铣刀"（图 13-18 中 P3）主轴的转向和刃数都为默认值。"所需刀具直径"对话框中输入"8"（图 13-18 中 P4），单击"确定修改"按钮（图 13-18 中 P5）。这样，将一把刀具直径为 8mm 的端铣刀装夹在刀库里。

(3) 完成后，单击"确定"(图 13-18 中 P6)按钮，所选刀具出现在刀库中。

(4) 重复步骤(1)~步骤(2)，选择完成 NC 机床数据表中所列出的刀具。

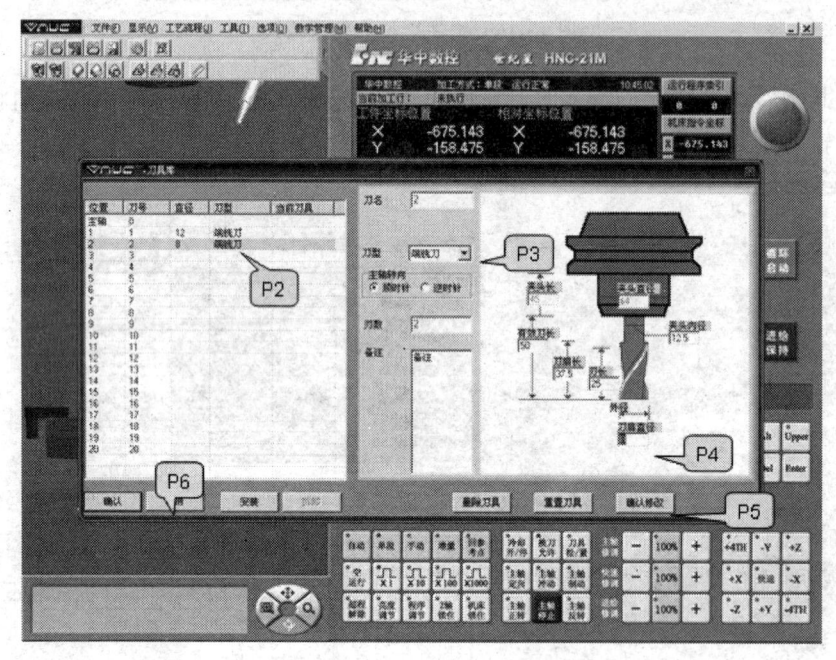

图 13-18　选择刀具

13.6.2　自动换刀

1. 输入一段小程序，将 T1(ϕ12mm)端铣刀换到主轴上。

如图 13-19 所示，新建一个程序文件名 O080(图 13-19 中 P2)，按"保存程序"按钮(图 13-19 中 P1)，按 Enter 键(图 13-19 中 P3)把文件名保存到数控系统储存器里。程序内容为%加数字开头(图 13-19 中 P4)。

按下系统面板中的相应按钮，输入程序命令：

O080

%80

T1 M6

G90 G54 G0 X0 Y0

Z-200

M30

%

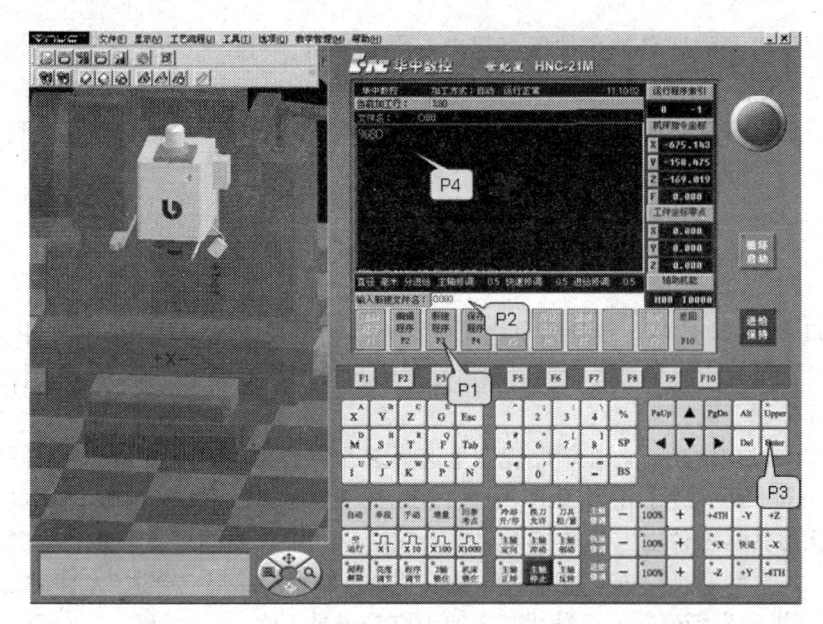

图 13-19　输入换刀程序

2. 换刀

如图 13-20 所示，换刀程序(图 13-20 中 P1)，程序录入完毕后，点击保存程序按键(图 13-20 中 P2)，按 Enter 键后，提示"已经成功保存"(图 13-20 中 P3)。

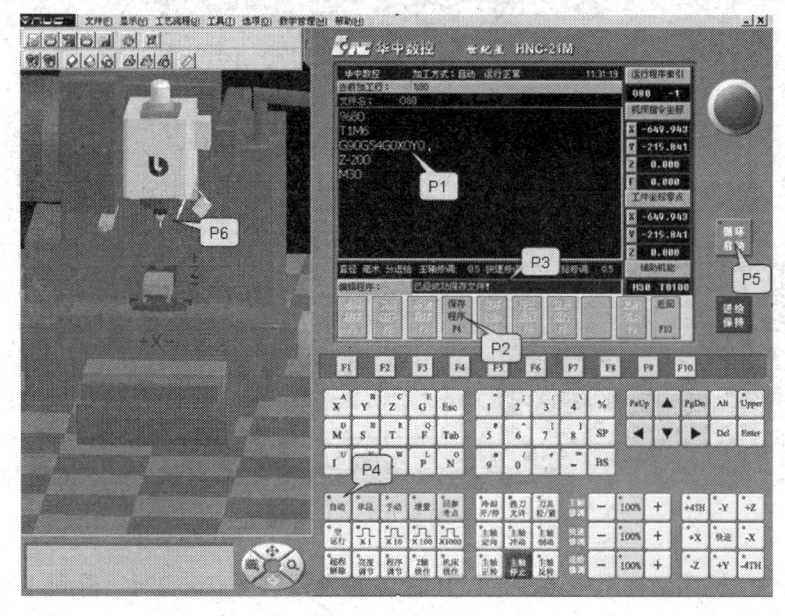

图 13-20　自动换刀

141

这时程序以及程序名被全部保存起来。用鼠标将"自动"按钮打开(图 13-20 中 P4),接着按下程序"循环启动"(图 13-20 中 P5)按钮。

仿真机床自动将 1 号刀具换到主轴上,换刀完成后,主轴自动移动到工件上方。刀具移动到换到点。

13.7　确定刀具长度补偿

如图 13-21 所示,选择菜单"工具"→"辅助视图"命令(图 13-21 中 P1),弹出"塞尺检查信息"提示框。用鼠标单击系统面板,调整 CRT 屏幕,使之显示坐标位置页面。

如图 13-21 所示,在辅助视图里选择 Z 平面(图 13-21 中 P2),塞尺厚度选择 0.1mm。再把"手轮"调出来(图 13-21 中 P3),调节手轮为 Z 轴,用鼠标左键,让刀具从零件上方逐渐接近零件。在这过程中,要注意调节移动倍率,由大到小,直到塞尺检查信息提示框显示"塞尺检查的结果:合适"(图 13-21 中 P4)。把机床坐标位置的 Z 值(图 13-21 中 P5)记录下来。

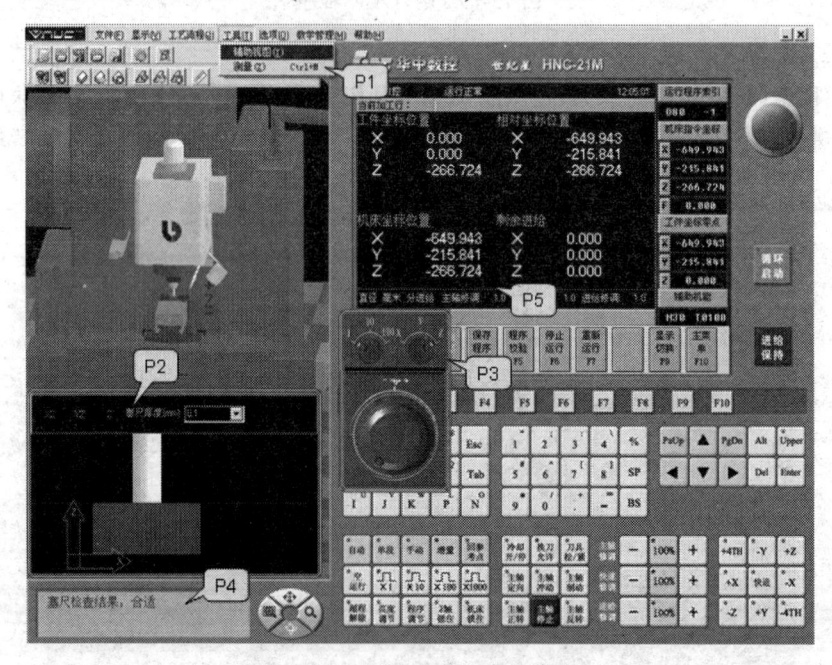

图 13-21　测量刀具长度补偿值

此时,机床坐标系中第一把刀具的 Z 轴坐标值为-266.724,得到 1 号刀具的长度补偿 H_1= -266.724-0.1= -266.824。

同理，把同段程序中 T1 改为 T2，将 T2(ϕ8mm)端铣刀换到主轴上。

按照 T1 对刀的过程，得到 2 号刀具的长度补偿 H_2= -266.724-0.1= -266.824。

登录刀具补偿值。将每一把刀具的 H 登录到刀具长度补偿中，在刀具补偿的菜单里，按下刀补表按钮，CRT 界面中出现刀具补正画面，如图 13-22 所示，在缓冲区输入刀具长度补偿值，再输入到寄存器中并显示在屏幕上。

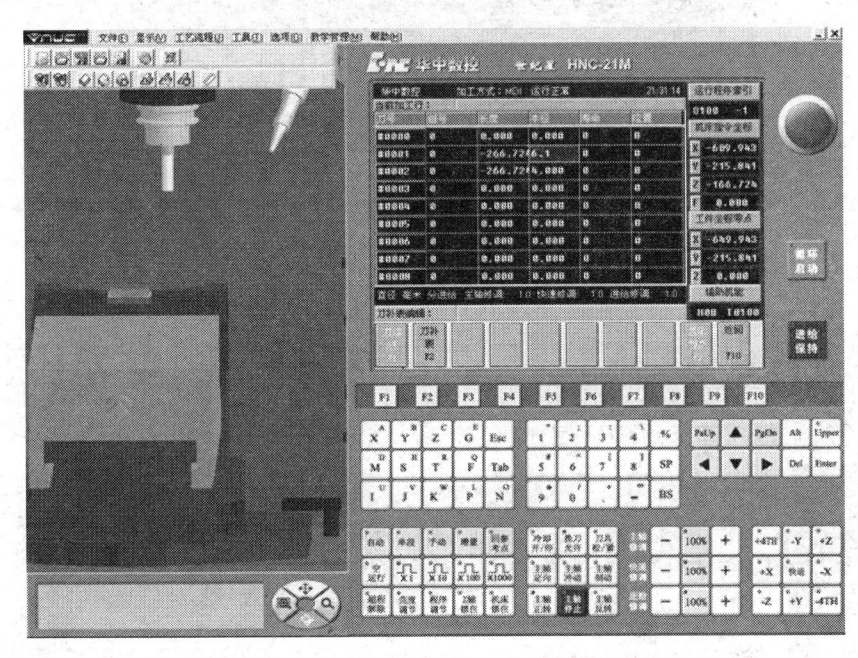

图 13-22 登录刀具长度补偿值

长度补偿值将在程序中，用 G43 Hxx 命令的方式调用这些补偿值，如果程序中没有 G43 命令，这些长度补偿值无效的。

两个刀具的半径补偿值在程序中，需要用 D1(6.1)，D2(4.0)表示。在此，按照顺序输入到形状(D)项目下，如图 13-22，在程序中，用 G41 Dxx 或 G42 Dxx 命令的方式调用这些补偿值，如果程序中，没有 G41 或 G42 命令，这些半径补偿值无效。

13.8 传输 NC 程序

在图 13-23 所示窗口，单击"自动加工"按钮，然后单击"程序选择 F1"按钮，再从"磁盘程序 F1"选择零件的 NC 代码。

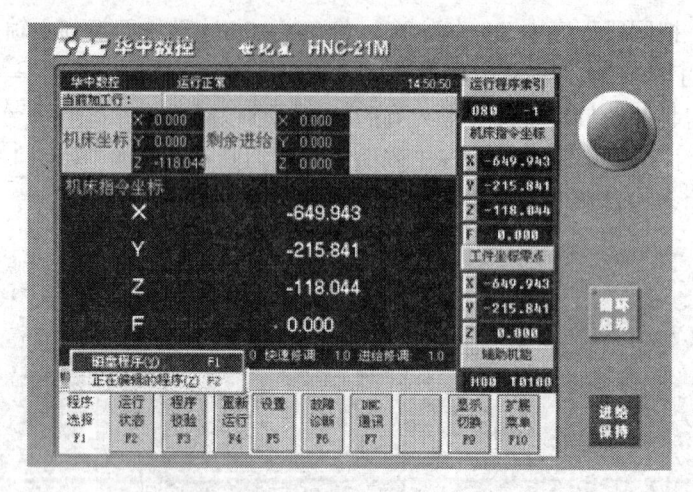

图 13-23 自动加工程序代码选择

如图 13-24 所示,选择"文件"→"加载 NC 代码文件"命令(图 13-24 中 P1)。然后找到储存在记事本的程序(图 13-24 中 P2),单击"打开"按钮(图 13-24 中 P3),程序将加载到 CRT 显示屏里。

图 13-24 虚拟机床调用程序

144

13.9 自动加工

如图 13-25 所示，先单击"自动"按钮(图 13-25 中 P1)，然后再单击操作面板上的"循环启动"按钮(图 13-25 中 P2)，就进入了刀具自动加工状态(图 13-25 中 P3)。

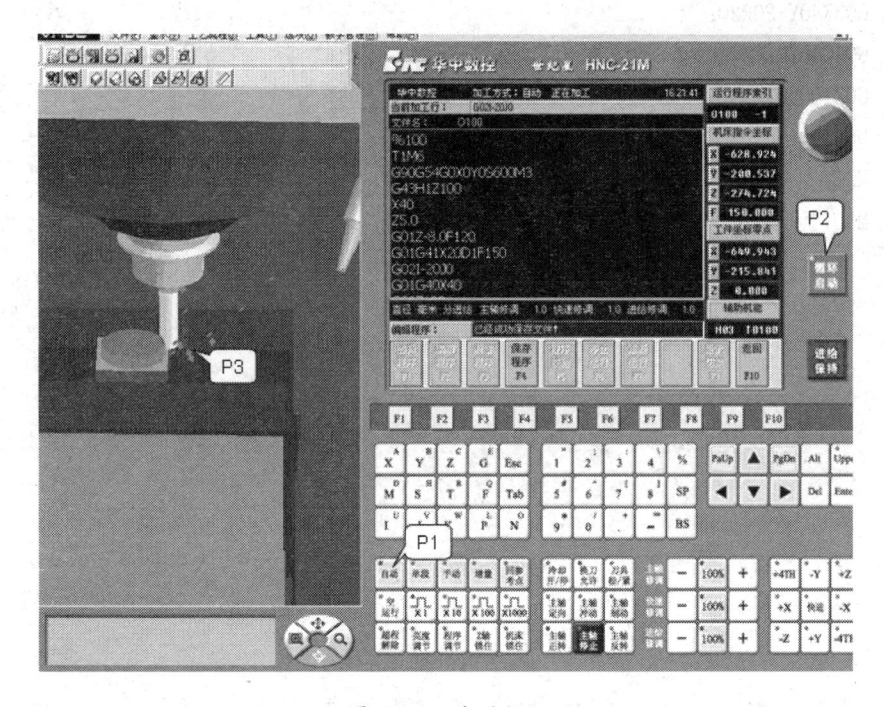

图 13-25 自动加工

13.10 程序的输入校验

输入以下程序，进行程序的校验和仿真加工。
%
O100；(铣圆)
G91G28Z0；
T1(T2)M06；
G90G54G0X0Y0S600M03；
G43H01(H2)Z100.0；

X40;
Z5.0 M08;
G01Z-8.0F80;
G01G41Y20D1(D2)F100.;
G03X20Y0R20;
G02I-20.0J0;
G03X40Y-20R20;
G01G40Y0;
G0Z100.0;
M05;
M09;
M30;

项目 14 平面铣削实训

【实训目标】

(1) 掌握直线加工的编程指令。
(2) 掌握圆角加工的编程指令。
(3) 掌握平面铣削的方法。
(4) 掌握外形铣削的方法。
(5) 掌握平面铣削加工的编程。

平面铣削实体图如图 14-1 所示。

图 14-1 平面铣削实体图

【实训仪器与设备】

(1) 数控仿真系统一套。
(2) 数控铣床(加工中心)一台。
(3) ϕ60mm 面铣刀、ϕ12mm 端铣刀和 ϕ8mm 端铣刀。
(4) 毛坯件为 46mm×46mm×20mm 的长方体,材料为铝合金。

14.1 加工实例

平面铣削零件图如图 14-2 所示。技术要求:加工表面未注公差 ±0.05。

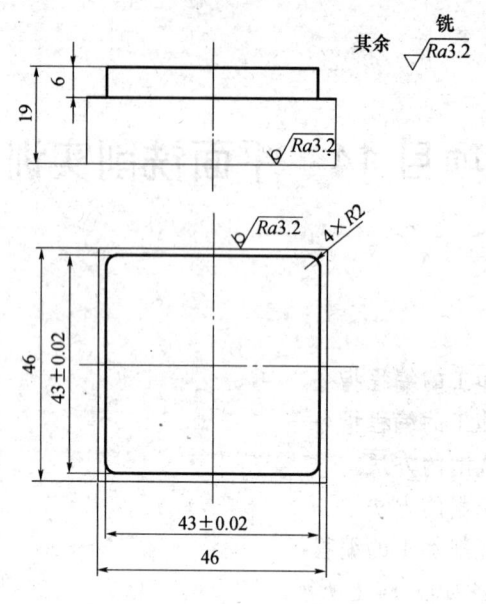

图 14-2　平面铣削零件图

14.2　工艺分析

(1) 用虎钳装夹零件，铣平零件上表面，保证总厚度19mm，选择零件的中心设为G54编程的原点。

(2) 加工路线为：铣削上表面→粗铣43mm×43mm的方台→精铣43mm×43mm的方台。

(3) 针对零件图样要求,加工工序和刀具的选择见表14-1。

表 14-1　数控铣削加工工艺卡

机床：加工中心 FANUC 0i MC				加 工 参 数				
工序	加工内容	刀具号码	刀具类型	主轴转速/(r/min)	轴向进给量/(mm/min)	径向进给量/(mm/min)	半径补偿	长度补偿
1	铣上表面	T1	φ60 面铣刀	500	80	120	—	H01
2	粗铣 43mm×43mm 方台	T2	φ12 端铣刀	600	60	80	D02	H02
3	精铣 43mm×43mm 方台	T3	φ8 端铣刀	1000	80	100	D03	H03

注：D02=6.1　D03=4.0

14.3 加工程序

加工程序见表 14-2。

表 14-2　FANUC 0i MC 加工程序

铣上表面程序	程序注释(加工时不需要输入)
%	
O0001；	铣工件上表面的程序，单独使用
G91G28Z0；	机床初始化
T1M6；	
G90G54G0X0Y0S500M3；	
G43H1Z100.0；	
X80.0Y0；	起始点(X80.0，Y0，Z100.0)
Z5.0 M08；	
G01Z-0.5F80；	铣削深度，可根据实际情况，调整Z值
G01X-80.0F120；	
G0Z100.M09；	
M05；	
M30；	程序结束，返回程序头
%	传输程序时的结束符号
粗铣 43×43 方台程序	程序注释(加工时不需要输入)
%	传输程序时的起始符号
O0002；	铣带 $R2$ 圆弧的 43×43 方台
G91G28Z0；	主轴直接回到换刀参考点
T2M6；	换 2 号刀，$\phi 12mm$ 的端铣刀
G90G54G0X0Y0S600M3；	刀具初始化
G43H02Z100.0；	2 号刀的长度补偿
X41.5Y0；	加工起始点(X41.5,Y0,Z100)
Z10.0M08；	
G01Z-6.0F60；	铣削深度，可根据实际情况
G01G41Y20.0D02F80；	用的刀具半径补偿去除粗加工余量
G03X21.5Y0R20.0；	圆弧切入

149

(续)

粗铣 43×43 方台程序	程序注释(加工时不需要输入)
G01Y-19.5;	加工工艺台阶的轨迹描述
G02X19.5Y-21.5R2.0;	
G01X-19.5;	
G2X-21.5Y-19.5R2.0;	
G01Y19.5;	
G02X-19.5Y21.5R2.0;	
G01X19.5;	
G02X21.5Y19.5R2.0;	
G01Y0;	
G03X41.5Y-20.0R20.0;	圆弧切出
G01G40Y0;	刀具半径补偿取消
G00Z100;	
M30;	程序结束
%	
精铣 43×43 方台程序	程序注释(加工时不需要输入)
%	传输程序时的起始符号
O0003;	
T3M6;	换 3 号刀，ϕ8mm 的端铣刀
G90G54G0X0Y0S1000M3;	刀具初始化
G43H03Z100.0;	3 号刀的长度补偿
X41.5Y0;	加工起始点(X41.5,Y0,Z100)
Z5.0M08;	
G01Z-6.0F80;	铣削深度，可根据实际情况
G01G41Y20.0D03F100;	用刀具半径补偿去除精加工余量
G03X21.5Y0R20.0;	圆弧切入
G01Y-19.5;	加工工艺台阶的轨迹描述
G02X19.5Y-21.5R2.0;	
G01X-19.5;	
G2X-21.5Y-19.5R2.0;	
G01Y19.5;	

(续)

精铣 43×43 方台程序	程序注释(加工时不需要输入)
G02X-19.5Y21.5R2.0;	
G01X19.5;	
G02X21.5Y19.5R2.0;	
G01Y0;	
G03X41.5Y-20.0R20.0;	圆弧切出
G01G40Y0;	刀具半径补偿取消
G00Z100;	
M30;	
%	返回主程序

14.4 加工实训

加工如图 14-3 所示的零件，图 14-3 中加工尺寸可由指导老师或者学生自己确定，材料为铝合金。要求如下：

(1) 分析数控加工工艺。
(2) 编制数控加工程序。
(3) 加工仿真。
(4) 实际零件加工。
(5) 完成实训报告。

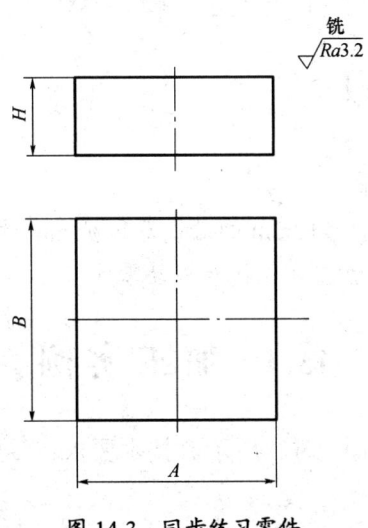

图 14-3 同步练习零件

项目 15　外轮廓铣削实训

【实训目标】

(1) 掌握加工凸台轮廓的方法。
(2) 掌握刀具补偿对加工零件尺寸精度的影响。

轮廓铣削实体图如图 15-1 所示。

图 15-1　轮廓铣削实体图

【实训仪器与设备】

(1) 数控仿真系统一套。
(2) 数控铣床(加工中心)一台。
(3) ϕ60mm 面铣刀、ϕ12mm 的端铣刀和 ϕ8mm 的端铣刀。
(4) 毛坯件为项目 4 加工实例的半成品零件。

15.1　加工实例

轮廓铣削零件图如图 15-2 所示。技术要求：零件加工表面未注公差为 ±0.05。

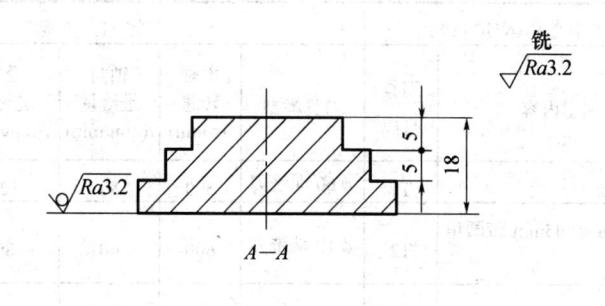

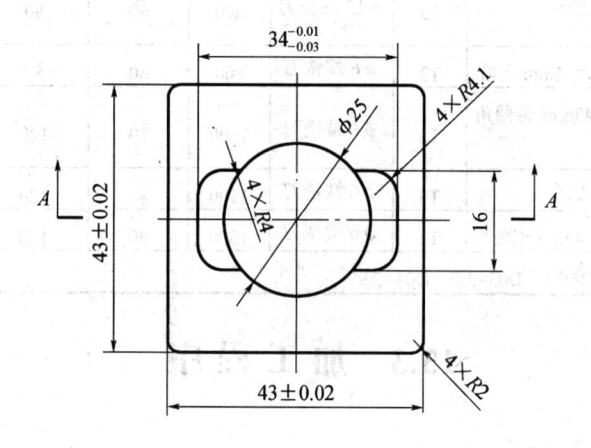

图 15-2 轮廓铣削零件图

15.2 工 艺 分 析

(1) 零件采用平口钳装夹。找正平口钳的固定钳口,使之与 X 轴平行;垫铁高度应合理,在安装工件时,要注意工件要安装在钳口中间部位。铣平零件上表面,保证总厚度18mm。

(2) 分析零件图样的尺寸,该加工路线是:铣削上表面→粗铣 43mm×43mm 带圆角方台→粗铣 ϕ25mm 圆台→半精铣 16mm×34mm 台阶→精铣 43mm×43mm 带圆角方台→精铣 ϕ25mm 圆台→精铣 16mm×34mm 台阶。

(3) 选择零件的中心设为G54编程的原点,即工件坐标系G54建立在工件上表面对称中心处,针对零件图样要求给出加工工序和刀具的选择如表15-1。

表 15-1 数控铣削加工工艺卡片

工序	加工内容	刀具号码	刀具类型	主轴转速 /(r/min)	轴向进给量 /(mm/min)	径向进给量 /(mm/min)	半径补偿	长度补偿
机床：加工中心 FANUC 0i MC				加工参数				
1	铣上表面	T1	φ60 面铣刀	500	80	120	—	H01
2	粗铣 43mm×43mm 带圆角方台	T2	φ12 端铣刀	600	60	80	D02	H02
3	粗铣 φ25mm 圆台	T2	φ12 端铣刀	800	60	80	D01 D02	H02
4	半精铣 16mm×34mm 台阶	T3	φ6 端铣刀	800	60	80	D03	H03
5	精铣 43mm×43mm 带圆角正方形	T3	φ6 端铣刀	1500	80	120	D03	H03
6	精铣 φ25mm 圆台	T3	φ6 端铣刀	1500	80	120	D04	H03
7	精铣 16mm×34mm 台阶	T3	φ6 端铣刀	1500	80	120	D04	H03

注：D01=14.0 D02=6.1 D03=3.0 D04=2.99

15.3 加 工 程 序

加工程序见表 15-2。

表 15-2 加工程序

铣上表面程序	程序注释(加工时不需要输入)
%	铣工件上表面的程序，单独使用
O0001；	程序名
G91G28Z0；	机床初始化
T1M6；	起始点(X80.0，Y0，Z100.0)
G90G54G0X0Y0S500M3；	
G43H1Z100.0；	
X80.0Y0；	
Z5.0 M08；	
G01Z-0.5F80；	铣削深度，可根据实际情况，调整 Z 值
G01X-80.0F120；	
M05；	
M30；	程序结束并返回到程序头
%	传输程序时的结束符号

(续)

粗铣 43×43 方台程序	程序注释(加工时不需要输入)
%	传输程序时的起始符号
O0002;	程序名
G91G28Z0;	机床初始化
T2M6;	换 2 号刀，ϕ12mm 的端铣刀
G90G54G0X0Y0S600M3;	用户坐标系中心
G43H02Z100.0;	2 号刀的长度补偿
X41.5Y0;	加工起始点(X41.5,Y0,Z100)
Z10.0M08;	
G01Z-6.0(Z-12)F60;	铣削深度，可根据实际情况，调整 Z 值
G01G41Y20.0D02F80;	用的刀具半径补偿去除粗加工余量
G03X21.5Y0R20.0;	加工工艺台阶的轨迹描述
G01Y-19.5;	
G02X19.5Y-21.5R2.0;	
G01X-19.5;	
G2X-21.5Y-19.5R2.0;	
G01Y19.5;	
G02X-19.5Y21.5R2.0;	
G01X19.5;	
G02X21.5Y19.5R2.0;	
G01Y0;	
G03X41.5Y-20.0R20.0;	
G01G40Y0;	刀具半径补偿取消
G00Z100;	
M30;	程序结束并返回到程序头
%	
粗铣ϕ25 圆台	程序注释(加工时不用输入)
%	传输程序时的起始符号
O0003;	粗铣圆台
G91G28Z0;	
T2M6;	换 2 号刀，ϕ12mm 端铣刀
G90G54G0X0Y0S800M3;	
G43H2Z100.0;	2 号刀的长度补偿
X31.5Y0;	加工起始点(X31.5，Y0，Z100)
Z10.0M08;	
G01Z-5.0F60;	

155

(续)

粗铣 ϕ25 圆台	程序注释(加工时不用输入)
G01G41Y19.0D01(D02)F80;	XY 方向多次铣削,用不同的刀具半径补偿值,重复去除
G03X12.5Y0.R19.0;	圆弧切入
G2I-12.5J0;	加工轨迹的描述
G03X41.5Y-19.R19.0;	圆弧切出
G01G40Y0;	刀具半径补偿取消
G00Z100M09;	
M30;	程序结束并返回到程序头
%	
半精铣 16×34 的台阶	程序注释(加工时不用输入)
%	
O0004;	铣削 16×34 的凸台
G91G28Z0;	
T3M6;	换 3 号刀,ϕ6mm 的端铣刀
G90G54G0X0Y0S800M3;	
G43H3Z100.0;	3 号刀的长度补偿
X31.5Y0;	加工起始点(X31.5,Y0,Z100)
Z10.0M08;	
G01Z-10.0F60;	
G01G41X17.0D03F80;	加工轨迹的描述
G01Y-3.9;	
G02X12.9Y-8R4.1;	
G01X11.325Y-8;	
G03X8.579Y-9.091R4.0;	
G02X-8.857Y-9.091R12.5;	
G03X-11.325Y-8R4.0;	
G01X-12.9;	
G02X-17Y-3.9R4.1;	
G01Y3.9;	
G02X-12.9Y8R4.1;	
G01X-11.325;	
G03X-8.579 Y9.091R4.0;	
G02X8.579Y8R12.5;	
G03X11.325Y8R4.0;	
G01X12.9;	
G02X17Y3.9R4.1;	

(续)

半精铣 16×34 的台阶	程序注释(加工时不需要输入)
G01Y-1	
G01G40X31.5	
G00Z100	
M05M09	
M30	
%	

精铣 43×43 的四方形程序	程序注释(加工时不需要输入)
%	传输程序时的起始符号
O0005；	
G91G28Z0；	
T3M6；	换 3 号刀，ϕ6mm 的端铣刀
G90G54G0X0Y0S1500M3；	刀具初始化
G43H03Z100.0；	3 号刀的长度补偿
X41.5Y0；	加工起始点(X41.5,Y0,Z100)
Z10.0M08；	
G01Z-6.0F80；	铣削深度，可根据实际情况，调整 Z 值
G01G41Y20.0D03F120；	用刀具半径补偿去除精加工余量
G03X21.5Y0R20.0；	加工工艺台阶的轨迹描述
G01Y-19.5；	
G02X19.5Y-21.5R2.0；	
G01X-19.5；	
G2X-21.5Y-19.5R2.0；	
G01Y19.5；	
G02X-19.5Y21.5R2.0；	
G01X19.5；	
G02X21.5Y19.5R2.0；	
G01Y0；	
G03X41.5Y-20.0R20.0；	圆弧切出
G01G40Y0；	刀具半径补偿取消
G00Z100；	
M30；	程序结束并返回到程序头
%	

(续)

精铣 ϕ25 圆台	程序注释(加工时不需要输入)
%	传输程序时的起始符号
O0006;	
G91G28Z0;	
T3M6;	换 3 号刀，ϕ6mm 端铣刀
G90G54G0X0Y0S1500M3;	刀具初始化
G43H3Z100.0;	3 号刀的长度补偿
X31.5Y0;	加工起始点(X31.5，Y0，Z100)
Z5.0M08;	
G01Z-5.0 F80;	
G01G41Y19.0D04F120;	刀具半径补偿值(D04=2.99,)传入程序去除工件的余量
G03X12.5Y0.R19.0;	圆弧切入
G2I-12.5J0;	加工轨迹的描述
G03X41.5Y-19.R19.0;	圆弧切出
G01G40Y0;	刀具半径补偿取消
G00Z100M09;	
M30;	程序结束并返回到程序头
%	
精铣 16×34 的台阶	程序注释(加工时不需要输入)
%	
O0007;	铣削 16×34 的凸台
G91G28Z0;	
T3M6;	
G90G54G0X0Y0S1500M3;	
G43H3Z100.0;	
X31.5Y0;	
Z10.0M08;	
G01Z-10.0F80;	
G01G41X17.0D04F120;	加工轨迹的描述
G01Y-3.9;	
G02X12.9Y-8R4.1;	

(续)

精铣 16×34 的台阶	程序注释
G01X11.325Y-8;	
G03X8.579Y-9.091R4.0;	
G02X-8.857Y-9.091R12.5;	
G03X-11.325Y-8R4.0;	
G01X-12.9;	
G02X-17Y-3.9R4.1;	
G01Y3.9;	
G02X-12.9Y8R4.1;	
G01X-11.325;	
G03X-8.579 Y9.091R4.0;	
G02X8.579Y8R12.5;	
G03X11.325Y8R4.0;	
G01X12.9;	
G02X17Y3.9R4.1;	
G01Y-1;	
G01X-G40X31.5;	
G00Z100;	
M05M09;	
M30;	
%;	

15.4 加 工 实 训

加工如图 15-3 所示的零件，毛坯 62mm×62mm×25mm 的四方体，材料为 45 钢。

要求：
(1) 分析数控加工工艺。
(2) 编制数控加工程序。
(3) 加工仿真。
(4) 实际零件加工。
(5) 完成实训报告。

图 15-3 同步练习零件

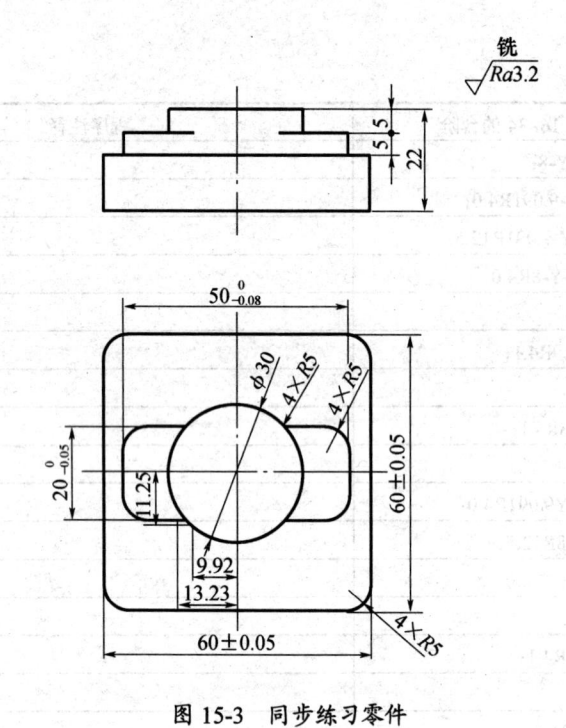

项目 16　钻孔编程实训

【实训目标】

(1) 掌握孔的加工工艺。
(2) 掌握加工孔的循环指令。
(3) 掌握加工孔的编程。

钻孔实体图如图 16-1 所示。

图 16-1　钻孔实体图

【实训仪器与设备】

(1) 数控仿真系统一套。
(2) 数控铣床(加工中心)一台。
(3) ϕ3mm 中心钻、ϕ7.8mm 钻头、ϕ8H7mm 铰刀各一把。
(4) 毛坯件为项目 5 加工的半成品零件。

16.1　加工实例

钻孔零件图如图 16-2 所示。技术要求：零件加工表面未注公差为±0.05。

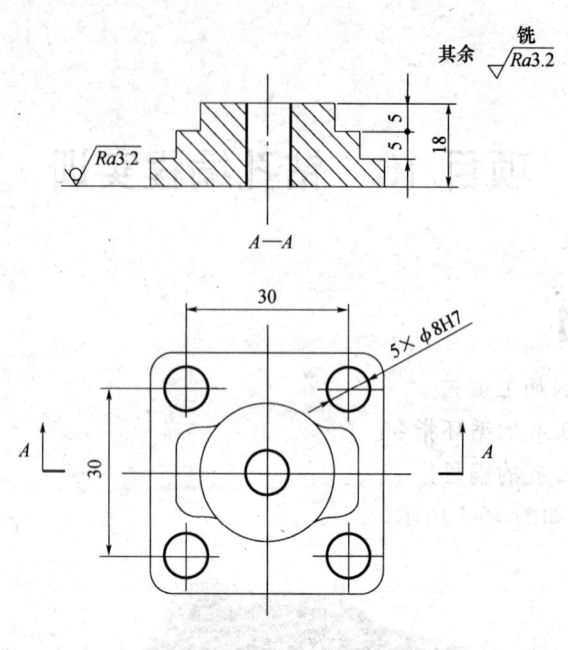

图 16-2 钻孔零件图

16.2 工艺分析

(1) 用虎钳装夹零件，铣平零件上表面，定为Z0，选择零件的中心设为G54编程的原点。

(2) 加工路线：钻中心孔→钻ϕ7.8mm的孔→铰ϕ8H7孔。

(3) 加工参数如表16-1所示。

表 16-1 钻孔数控铣削加工工艺卡片

机床：加工中心 FANUC 0i MC					加工参数				
工序	加工内容	刀具号码	刀具类型	主轴转速 /(r/min)	轴向进给量 /(mm/min)	径向进给量 /(mm/min)	半径补偿	长度补偿
1	钻中心孔	T4	ϕ3 中心钻	1200	60	—	—	H04
2	钻ϕ7.8mm的孔	T5	ϕ7.8 麻花钻	800	60	—	—	H05
3	铰ϕ8H7孔	T6	ϕ8H7 铰刀	200	45	—	—	H06

16.3 加工程序

表 16-2 加工程序

钻中心孔程序	程序注释(加工时不需要输入)
%	
O0001；	
G91G28Z0；	主轴直接回到换刀参考点
T4M6；	换 4 号刀，ϕ3mm 的中心钻
G90G54G0X0Y0S1200M3；	刀具初始化，选择用户坐标系为 G54
G43H4Z100.0；	4 号刀的长度补偿
Z10M08；	
G98G81X0Y0Z-3.0R5.0F60；	G81 钻孔循环指令钻中心孔
X15.0Y15.0；	(第 1 点 X15.0Y15.0)
Y-15.0；	(第 2 点 X15.0Y-15.0)
X-15.0；	(第 3 点 X-15.0Y-15.0)
Y15.0；	(第 4 点 X-15.0-Y15.0)
G00Z100；	
G80M09；	G80 取消循环指令
M05；	
M30；	
%	
钻 ϕ7.8 孔的程序	程序注释(加工时不需要输入)
%	
O0002；	
G91G28Z0；	
T5M6；	换 5 号刀，ϕ7.8mm 麻花钻
G90G54G0X0Y0S800M3；	
G43H5Z100.0；	5 号刀的长度补偿
Z10M08；	
G98G73(G83)X0Y0Z-22.0Q2.0R5.0F60；	G73 钻孔循环指令钻中心孔
X15.0Y15.0Z-22.0；	(第 2 点 X15.0Y15.0)

163

(续)

钻 ϕ7.8 孔的程序	程序注释(加工时不需要输入)
Y-15.0;	(第3点 X15.0Y-15.0)
X-15.0;	(第4点 X-15.0Y-15.0)
Y15.0;	(第5点 X-15.0Y15.0)
G80M09;	
G00Z100;	
M05;	
M30;	
%	

铰孔程序	程序注释(加工时不需要输入)
%	
O0003;	
G91G28Z0;	
T6M6;	换5号刀，ϕ8mm铰刀
G90G54G0X0Y0S200M3;	刀具初始化
G43H6Z100.0M08;	
G98G81X0Y0Z-18.5R5.0F45;	G81循环指令铰孔
X15.0Y15.0Z-18.5;	
Y-15.0;	
X-15.0;	
Y15.0;	
G80M09;	
G00Z100;	
M05;	
M30;	程序结束
%	传输程序时的结束符号

16.4 加 工 实 训

加工如图 16-3 所示的零件，毛坯 63mm×55mm×12mm 的四方体，材料为 45 钢。要求：

(1) 分析数控加工工艺。

(2) 编制数控加工程序。
(3) 加工仿真。
(4) 实际零件加工。
(5) 完成实训报告。

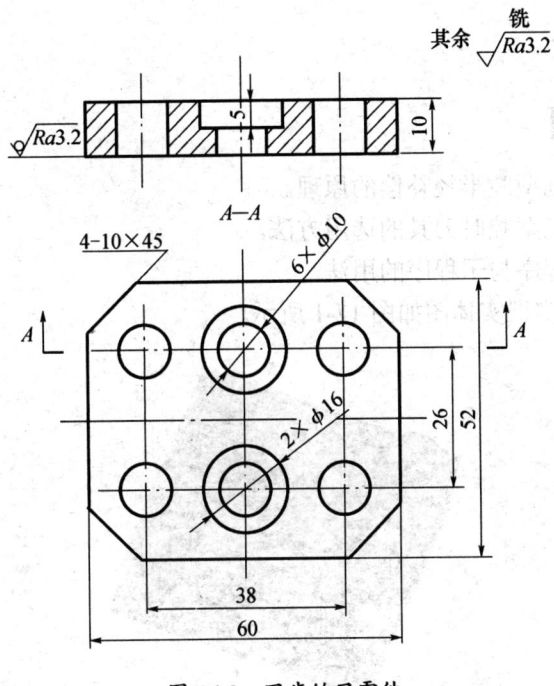

图 16-3　同步练习零件

项目 17　内轮廓加工实训

【实训目标】

(1) 掌握铣削型腔半径补偿的原理。
(2) 掌握加工型腔时刀具的选用方法。
(3) 学习主程序与子程序的用法。

内轮廓加工实训实体图如图 17-1 所示。

图 17-1　内轮廓加工零件实体图

【实训仪器与设备】

(1) 数控仿真系统一套。
(2) 数控铣床(加工中心)一台。
(3) ϕ12mm 和 ϕ8mm 立铣刀各一把。
(4) 毛坯件为项目 4 加工的半成品零件,材料为铝合金。

17.1　加工实例

内轮廓加工零件图如图 17-2 所示。

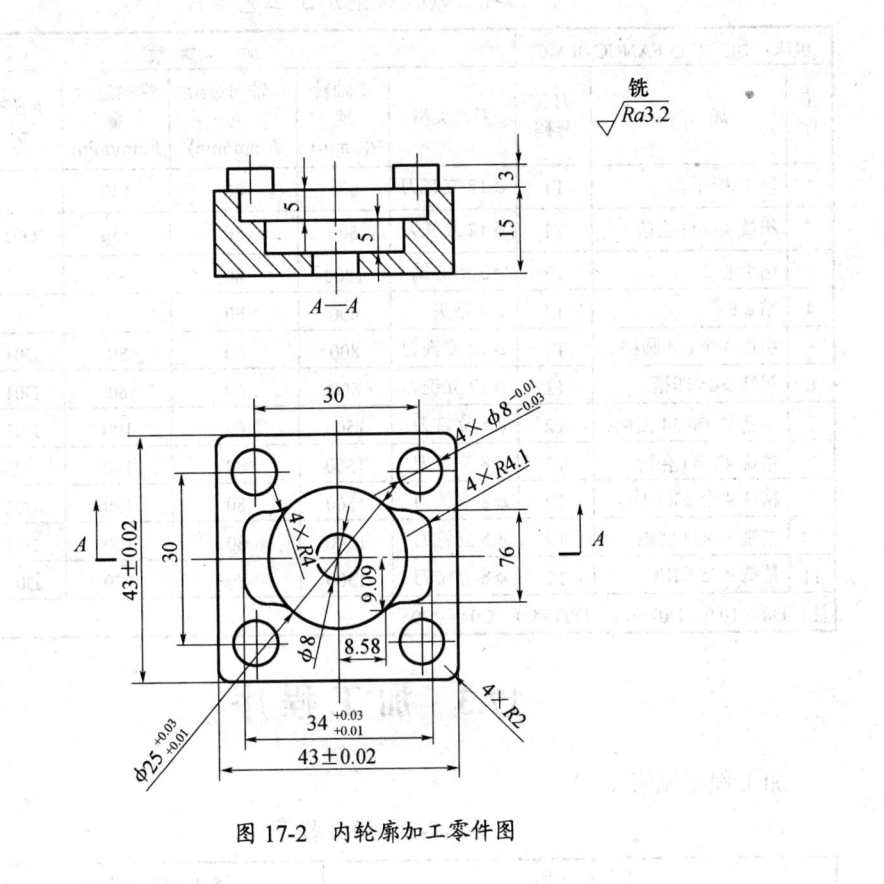

图 17-2 内轮廓加工零件图

17.2 工艺分析

(1) 零件采用平口钳装夹。找正平口钳的固定钳口，使之与 X 轴平行；垫铁高度应合理，在安装工件时，要注意工件要安装在钳口中间部位。

(2) 分析零件图样的形状与尺寸，加工路线为：铣上表面→粗铣 43mm×43mm 的台阶→钻中心孔→钻 φ8mm 孔→粗铣 4 个 φ8mm 的圆柱→粗铣 φ25mm 的凹槽→半精铣 16mm×34mm 的凹槽→精铣 43mm×43mm 的台阶→精铣 4 个 φ8mm 的圆柱→精铣 16mm×34mm 的凹槽→精铣 φ25mm 的凹槽。

(3) 工件坐标系 G54 建立在工件上表面对称中心处。针对零件图样要求给出加工工序和刀具的选择如下所述表 17-1 所示。

表 17-1 数控铣削加工工艺卡片

机床：加工中心 FANUC 0i MC				加工参数				
工序	加工内容	刀具号码	刀具类型	主轴转速 /(r/min)	轴向进给量 /(mm/min)	径向进给量 /(mm/min)	半径补偿	长度补偿
1	铣上表面	T1	φ12 立铣刀	600	80	130	—	H01
2	粗铣 43×43 台阶	T1	φ12 立铣刀	800	80	130	D01	H01
3	钻中心孔	T3	φ3 中心钻	1200	80	—	—	—
4	钻 φ8 孔	T4	φ8 钻头	800	60	—	—	—
5	粗铣 4 个 φ8 圆柱	T1	φ12 立铣刀	800	60	80	D01	H01
6	粗铣 φ25 凹槽	T1	φ12 立铣刀	800	60	80	D01	H01
7	半精铣 16×34 凹槽	T2	φ8 立铣刀	1500	60	100	D03	H02
8	精铣 43×43 台阶	T2	φ8 立铣刀	1500	80	120	D02	H02
9	精铣 4 个 φ8 圆柱	T2	φ8 立铣刀	1500	80	120	D02	H02
10	精铣 16×34 凹槽	T2	φ8 立铣刀	1500	80	120	D02	H02
11	精铣 φ25 凹槽	T2	φ8 立铣刀	1500	80	120	D02	H02

注：D01=10.0 D02=6.1 D03=4.0 D04=3.99

17.3 加工程序

加工程序见表 17-2。

表 17-2 加工程序

铣上表面程序	程序注释(加工时不需要输入)
%	
O0001;	铣工件上表面的程序，单独使用
G91G28Z0;	主轴直接回到换刀参考点
T1M6;	换 1 号刀，φ12mm 立铣刀
G90G54G0X0Y0S600M3;	
G43H1Z100.0;	1 号刀的长度补偿
X45.0Y0;	刀具起始点(X45.0,Y0,Z100.0)
Z10.0 M08;	
G01Z-0.5F80;	铣削深度，可根据实际情况，调整 Z 值
G01X35.0F130;	圆形铣削上表面
G02I-35.0J0;	
G01X25.0;	

(续)

铣上表面程序	程序注释(加工时不需要输入)
G02I-25.0J0;	
G01X15.0;	
G02I-15.0J0;	
G01X5.0;	
G02I-5.0J0;	
G0Z100.M09;	
M05;	
M30;	程序结束
%	传输程序时的结束符号
钻中心孔程序	程序注释(加工时不需要输入)
%	
O0002;	
G91G28Z0;	主轴直接回到换刀参考点
T3M6;	换3号刀，ϕ3mm的中心钻
G90G54G0X0Y0S1200M3;	刀具初始化，选择用户坐标系为G54
G43H3Z100.0;	3号刀的长度补偿
Z10M08;	
G98G81X0Y0Z-3.0R5.0F80;	G81钻孔循环指令钻中心孔
G80M09;	
G00Z100;	
M05;	
M30;	
%	
钻ϕ8孔的程序	程序注释(加工时不需要输入)
%	
O0003;	
G91G28Z0;	
T4M6;	换4号刀，ϕ8mm钻头
G90G54G0X0Y0S800M3;	
G43H4Z100.0;	4号刀的长度补偿

(续)

钻 $\phi 8$ 孔的程序	程序注释(加工时不需要输入)
Z10M08;	
G73(G83)X0Y0Z-22.0Q2.0R5.0F60;	G73 钻孔循环指令钻中心孔
G80M09;	
G00Z100;	
M05;	
M30;	
%	
主程序内容	程序注释
%	传输程序时的起始符号
O0004;	
G91G28Z0;	
T1M6;	
G90G54G0X0Y0S800M3;	
G43H1Z100.0;	1号刀的长度补偿
X41.5Y0;	加工起始点(X41.5，Y0，Z100)
Z10.0M08;	
G01Z-6.5F60;	分层铣削粗铣 43mm×43mm 四方
G41D02M98P100F80(D2=6.1);	半径补偿值和切削速度传入子程序
G01Z-13.0F60;	
G41D02M98P100F80(D2=6.1);	
G0Z100;	到加工起始点(X0,Y0,Z100)
Z5.0	
G01Z-3.0F60;	
G41D02M98P200F80(D2=6.1);	粗铣 4 个 $\phi 8$ 圆柱
G01Z-8.5F60;	
G41D01M98P300F80(D1=10.0);	粗铣 $\phi 25$ 圆槽
G41D02M98P300F80(D2=6.1);	
G01Z-14.0F60;	分层铣削 $\phi 25$ 圆槽
G41D01M98P300F80(D1=10.0);	
G41D02M98P300F80(D2=6.1);	
G0Z100.0M09;	

170

(续)

主程序内容	程序注释
M05;	
T2M6	换 2 号刀，ϕ8mm 端铣刀
G90G54G0X0Y0S1500M3	
G43H2Z100.0	加工起始点(X0,Y0,Z100)
X41.5Y0	
Z5.0M08	
G01Z-6.5F80	
G41D03M98P100F120(D3=4.0)	精铣削 43mm×43mm 四方
G01Z-13.0F80	
G41D03M98P100F120(D3=4.0)	
G41D03M98P100F120(D3=4.0)	重复铣削一次，减小刀具弹性变形
G0Z100.	
X0Y0	
Z10.0	
G01Z-3.0F80	
G41D03M98P200F120(D3=4.0)	半精铣 4 个 ϕ8mm 圆柱
G41D04M98P200F120(D4=3.99)	精铣 4 个 ϕ8mm 圆柱
G01Z-8.0F60	
G41D03M98P400F100(D3=4.0)	半精铣 16mm×34mm 凹槽
G41D04M98P400F120(D4=3.99)	精铣 16mm×34mm 凹槽
G01Z-13.0F50	
G41D03M98P300F120(D3=4.0)	半精铣 ϕ25mm 圆槽
G41D04M98P300F120(D4=3.99)	精铣 ϕ25mm 圆槽
G00Z100.M09	
M05	
M30	程序结束
%	传输程序时的结束符号
子程序内容	子程序注释
%	
O100	铣削 43mm×43mm 四方的程序

(续)

子程序内容	子程序注释
X41.5Y0	
G01G41Y20.0	
G03X21.5Y0R20.0	圆弧切入
G01Y-19.5	
G02X19.5Y-21.5R2.0	加工轨迹的描述
G01X-19.5	
G02X-21.5Y-19.5R2.0	
G01Y19.5	
G02X-19.5Y21.5R2.0	
G01X19.5	
G02X21.5Y19.5R2.0	
G01Y0	
G03X41.5Y-20.0R20.0	圆弧切出
G01G40Y0	
M99	返回主程序
%	

子程序内容	子程序注释
%	
O200	铣削4个ϕ8mm圆柱的子程序
X0Y0	
G01G41X11.0	
Y15.0	
G02I4.0J0	第1圆柱
G01Y30.0	
X-11.0	
Y15.0	
G02I-4.0J0	第2圆柱
G01Y-15.0	
G02I-4.0J0	第3圆柱
G01Y-30.0	
X11.0	
Y-15.0	
G02I4.0	第4圆柱
G01Y0	
G01G40X0	
M99	
%	

172

(续)

子程序内容	子程序注释
%	
O300	铣削 ϕ 25mm 凹槽的子程序
G01G41X12.5	
G03I-12.5J0	
G01G40X0	
M99	
%	

子程序内容	子程序注释
%	
O400	铣削 16mm×34mm 凹槽的子程序
G01G41X17	直线切入
G01Y3.9	加工轨迹的描述
G03X12.9Y8I-4.1J0	
G01X11.32	
G02X8.58Y9.09R4.0	
G03X-8.58Y9.09R12.5	
G02X-11.32Y8R4.0	
G01X-12.9	
G03X-17Y3.9R4.1	
G01Y-3.9	
G03X-17.Y-8R4.1	
G01X-11.32	
G02X-8.58Y-9.09R4.0	
G03X8.85Y-9.09R12.5	
G02X11.32Y-8R4.0	
G01X12.9	
G03X17.0Y-3.9I0J4.1	
G01Y1.0	
G01G40X0	直线切出
M99	
%	

173

17.4 加工实训

加工如图 17-3 所示的零件，毛坯 62mm×62mm×25mm 的四方体，材料为 45 钢。
要求：
(1) 分析数控加工工艺。
(2) 编制数控加工程序。
(3) 加工仿真。
(4) 实际零件加工。
(5) 完成实训报告。

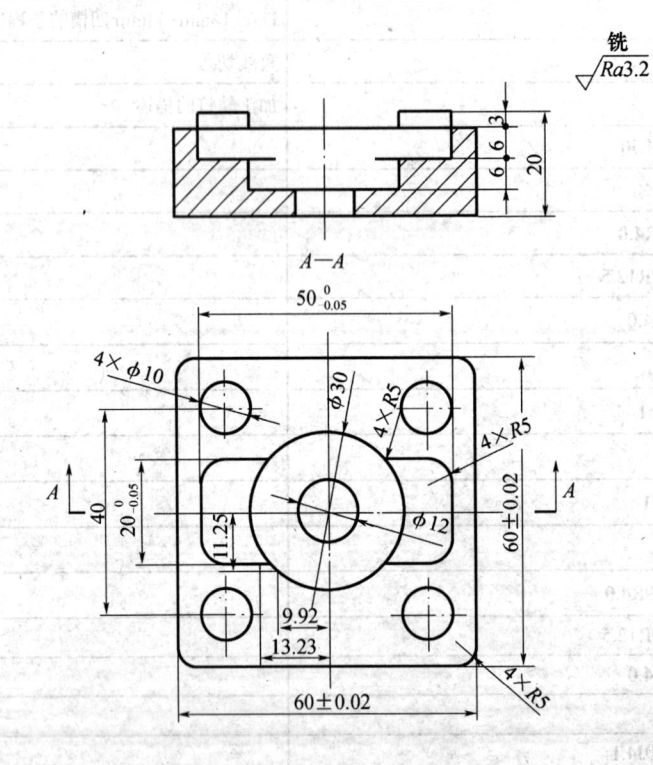

图 17-3 同步练习零件

项目 18　宏程序编程实训

【实训目标】

(1) 宏程序的使用格式。
(2) 了解变量的赋值方法。
(3) 掌握控制指令起到控制程序流向的作用。

椭圆实体图如图 18-1 所示。

图 18-1　椭圆实体图

【实训仪器与设备】

(1) 数控仿真系统一套。
(2) 数控铣床(加工中心)一台。
(3) ϕ60mm 面铣刀，ϕ12mm 端铣刀，ϕ12mm 键槽刀，ϕ8mm 立铣刀。
(4) 毛坯件为项目 4 加工实例零件。

18.1　加工实例

椭圆零件图如图 18-2 所示。

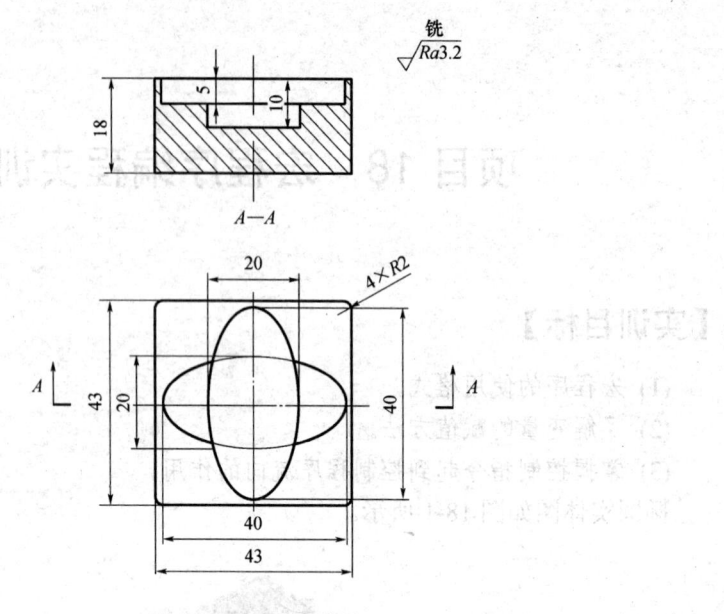

图 18-2 椭圆零件图

18.2 工艺分析

(1) 毛坯采用实训零件一反面进行加工。

(2) 用虎钳装夹零件，铣平零件上表面，定为Z0，选择零件的中心设为G54编程的原点。

(3) 加工路线：粗铣外轮廓→粗铣第一个40mm×20mm的椭圆→粗铣第二个40mm×20mm的椭圆→精铣外轮廓→精铣第一个40mm×20mm的椭圆→精铣第二个40mm×20mm的椭圆。

(4) 加工参数见表 18-1。

表 18-1 数控铣削加工工艺卡片

机床：加工中心 FANUC 0i MC					加工参数			
工序	加工内容	刀具号码	刀具类型	主轴转速/(r/min)	轴向进给量/(mm/min)	径向进给量/(mm/min)	长度补偿
1	铣上表面	T1	ϕ60 面铣刀	500	60	120	H01
2	粗铣外轮廓	T2	ϕ12 端铣刀	600	60	100	H02
3	粗铣第一个 40mm×20mm 的椭圆	T3	ϕ12 键槽刀	600	60	100	H03

(续)

机床：加工中心 FANUC 0i MC				加工参数			
工序	加工内容	刀具号码	刀具类型	主轴转速/(r/min)	轴向进给量/(mm/min)	径向进给量/(mm/min)	长度补偿
4	粗铣第二个 40mm×20mm 的椭圆	T3	ϕ12 键槽刀	600	60	100	H03
6	精铣外轮廓	T4	ϕ8 立铣刀	1500	80	120	H04
7	精铣第一个 40mm×20mm 的椭圆	T4	ϕ8 立铣刀	1500	80	120	H04
8	精铣第二个 40mm×20mm 的椭圆	T4	ϕ8 立铣刀	1500	80	120	H04

18.3 加工程序

加工程序见表 18-2。

表 18-2 加工程序

铣上表面程序	程序注释(加工时不需要输入)
%	铣工件上表面的程序，单独使用
O0001；	
G91G28Z0；	主轴直接回到换刀参考点
T1M6；	换 1 号刀，ϕ60mm 的面铣刀
G90G54G0X0Y0S500M3；	
G43H1Z100.0；	
X80.0Y0；	起始点(X80.0,Y0,Z100)
Z5.0 M08；	
G01Z-0.5F60；	铣削深度，可根据实际情况，调整 Z 值
G01X-80.0F120；	
G0Z100.M09；	
M05；	
M30；	程序结束
%	传输程序时的结束符号

(续)

粗铣外轮廓	程序注释
%	传输程序时的起始符号
O0100;	铣 R2 圆弧的 43mm×43mm 的四方台面
G91G28Z0;	
T2M6;	换 2 号刀，ϕ12mm 的端铣刀
G90G54G0X0Y0S600M3;	刀具初始化
G43H02Z100.0;	2 号刀的长度补偿
X41.5Y0;	加工起始点(X41.5,Y0,Z100)
Z10.0M08;	
G01Z-6.0F60;	铣削深度，可根据实际情况，调整 Z 值
G01G41Y20.0D02F100;	用的刀具半径补偿 D02=6.1 去除粗加工余量
G03X21.5Y0R20.0;	圆弧切入
G01Y-19.5;	加工台阶轨迹描述
G02X19.5Y-21.5R2.0;	
G01X-19.5;	
G2X-21.5Y-19.5R2.0;	
G01Y19.5;	
G02X-19.5Y21.5R2.0;	
G01X19.5;	
G02X21.5Y19.5R2.0;	
G01Y0;	
G03X41.5Y-20.0R20.0;	圆弧切出
G01G40Y0;	刀具半径补偿取消
G00Z100M09;	
M05;	
M30;	程序结束，返回程序头
%	

粗铣第一个 40mm×20mm 的椭圆	程序注释
O0200;	
#1=20;	长轴半径
#2=10;	短轴半径
#5=0;	加工椭圆时的起始角度

(续)

粗铣第一个 40mm×20mm 的椭圆	程序注释
#6=5.0;	增加角度
#7=6.1;	粗铣椭圆时半径补偿
T3M6;	采用 3 号刀，ϕ12mm 的键槽刀
G90G54G0X0Y0S600M3;	
G43H3Z100;	
Z5.0;	
G01Z-5F60;	
X[#1-#7];	
WHILE[#5LE360]DO1;	采用 WHILE 循环语句
#100=[#1-#7]*COS[#5];	
#200=[#2-#7]*SIN[#5];	
G01G41X#100Y#200F100;	加工椭圆
#5=#5+#6;	
END1;	
G01G40X0;	
G00Z100.0;	
M05;	
M30;	
%	

粗铣第二个 40mm×20mm 的椭圆	程序注释
O0300;	
#1=10;	短轴半径
#2=20;	长轴半径
#5=0;	
#6=5.0;	
#7=6.1;	
T3M6;	
G90G54G0X0Y0S600M3;	
G43H3Z100;	
Z5.0;	

(续)

粗铣第二个 40mm×20mm 的椭圆	程序注释
G01Z-10F60;	
X[#1-#7];	
WHILE[#5LE360]DO1;	
#100=[#1-#7]*COS[#5];	
#200=[#2-#7]*SIN[#5]	
G01G41X#100Y#200F100;	
#5=#5+#6	
END1;	
G01G40X0;	
M05;	
M30;	
%	

精铣外轮廓	程序注释
%	传输程序时的起始符号
O0100;	铣 R2 圆弧的 43mm×43mm 的四方台面
G91G28Z0;	主轴直接回到换刀参考点
T4M6;	换 4 号刀，ϕ8mm 的立铣刀
G90G54G0X0Y0S1500M3;	刀具初始化
G43H04Z100.0;	4 号刀的长度补偿
X41.5Y0;	加工起始点(X41.5,Y0,Z100)
Z10.0M08;	
G01Z-6.0F80;	铣削深度，可根据实际情况，调整 Z 值 (Z-12.0,Z-18.0)
G01G41Y20.0D04F120;	用的刀具半径补偿 D4=4.0 去除余量
G03X21.5Y0R20.0;	
G01Y-19.5;	加工工艺台阶的轨迹描述
G02X19.5Y-21.5R2.0;	
G01X-19.5;	
G2X-21.5Y-19.5R2.0;	
G01Y19.5;	
G02X-19.5Y21.5R2.0;	

(续)

精铣外轮廓	程序注释
G01X19.5;	
G02X21.5Y19.5R2.0;	
G01Y0;	
G03X41.5Y-20.0R20.0;	圆弧切出
G01G40Y0;	刀具半径补偿取消
G00Z100;	
M30;	返回主程序
%	
精铣第一个 40mm×20mm 的椭圆	程序注释
O0400;	
#1=20;	长轴半径
#2=10;	短轴半径
#5=0;	加工椭圆时的起始角度
#6=2.0;	增加角度
#7=4.0;	粗铣椭圆时刀具半径补偿值
T4M6;	采用 4 号刀，ϕ8mm 的立铣刀
G90G54G0X0Y0S1500M3;	
G43H4Z100;	
Z5.0;	
G01Z-5F80;	
X[#1-#7];	
WHILE[#5LE360]DO1;	采用 WHILE 循环语句
#100=[#1-#7]*COS[#5];	
#200=[#2-#7]*SIN[#5];	
G01G41X#100Y#200F120;	加工椭圆
#5=#5+#6;	
END1;	
G01G40X0	
G00Z100;	
M05;	
M30;	
%	

(续)

精铣第二个 40mm×20mm 的椭圆	程序注释
O0200;	
#1=10;	
#2=20;	
#5=0;	
#6=2.0;	
#7=4.0;	
T4M6;	
G90G54G0X0Y0S1500M3;	
G43H4Z100;	
Z5.0;	
G01Z-10F80;	
X[#1-#7];	
WHILE[#5LE360]DO1;	
#100=[#1-#7]*COS[#5];	
#200=[#2-#7]*SIN[#5];	
G01G41X#100Y#200F120;	
#5=#5+#6;	
END1;	
G01G40X0	
G00Z100;	
M05;	
M30;	
%	

18.4 加工实训

加工如图 18-3 所示的零件，毛坯 70mm×100mm×15mm 的四方体，材料为 45 钢。

要求：

(1) 分析数控加工工艺。

(2) 编制数控加工程序。

(3) 加工仿真。

(4) 实际零件加工。
(5) 完成实训报告。

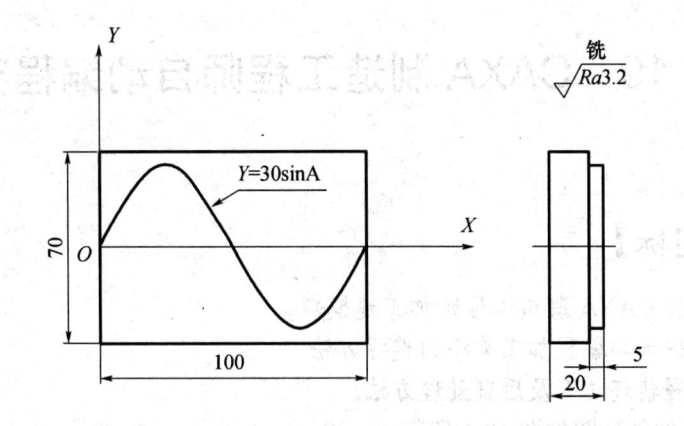

图 18-3 同步练习零件

项目 19　CAXA 制造工程师自动编程实训

【实训目标】

(1) 掌握 CAXA 制造工程师加工建模。
(2) 掌握自动编程加工策略的选择方法。
(3) 掌握轨迹仿真及后置处理方法。
加工零件外形图如图 19-1 所示。

图 19-1　加工零件外形图

【实训仪器与设备】

(1) CAXA 制造工程师系统一套。
(2) 数控铣床(加工中心)一台。
(3) 数控加工刀具数量及规格详见表 9-1。
(4) 毛坯件为 50mm×50mm×20mm 的长方体,材料为铝合金。

19.1　加工实例

加工零件图如图 19-2 所示。

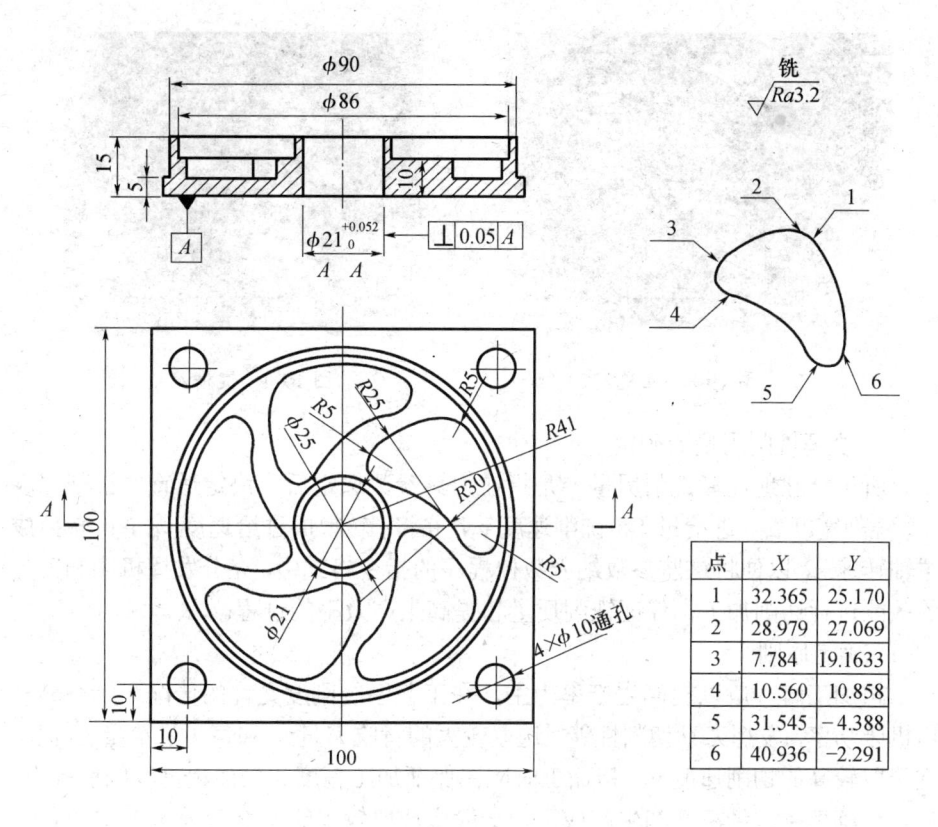

图 19-2　加工零件图

点	X	Y
1	32.365	25.170
2	28.979	27.069
3	7.784	19.1633
4	10.560	10.858
5	31.545	-4.388
6	40.936	-2.291

19.2　工艺分析

1. 先粗后精

为兼顾效率和质量，通常采用不同的刀具，不同的切削参数，粗铣追求尽可能高的加工余量切除效率，尺寸精度一般可达 IT12～IT14，表面粗糙度可达 $Ra12.5$～$Ra25$。精铣后的零件，尺寸精度可达 IT7～IT9，表面粗糙度可达 $Ra1.6$～$Ra3.2$。

2. 刀具选择

通常在一次安装中，不允许将零件的某一部分表面加工完毕后，再加工零件的其他表面，即用一把刀加工完相应各部位，再换另一把刀，加工相应的其他部位，以减少空行程和换刀时间。这个项目所选用刀具类型分别为立铣刀和键槽刀，如图 19-3、图 19-4 所示。其中键槽刀，圆柱面和端面都有切削刃，端面刃延至中心，可直接轴向进刀。刀具半径 R 小于朝轮廓内侧弯曲的最小曲率半径 ρ_{min}，一般可取 $R=(0.8-0.9)\rho_{min}$。

图 19-3　立铣刀　　　　　　　　　图 19-4　键槽刀

3. 合理铣削用量的确定

所谓合理地选择铣削用量，是指在刀具参数选定后，决定适宜的铣削深度 a_p、铣削宽度 a_e、进给量 f 和铣削速度 v_c，并将 f 转换成进给速度 v_f，v_c 转换成主轴转速 n，以便将这些参数纳入数控程序的指令格式中，充分发挥机床和刀具的效能进行切削加工，保证铣削质量和提高生产效率的过程。

1) 确定原则

粗加工时一般以提高生产率为主，在工艺系统刚度允许的情况下，充分利用机床功率，发挥刀具切削性能，选取较大的背吃刀量 a_p 和每齿进给量 f，但不宜选取较高的切削速度 v_c。精加工时应在保证加工精度和表面粗糙度的前提下，兼顾切削效率、经济性和生产成本，一般应选取较小的背吃刀量 a_p 和进给量 f，以及尽可能高的切削速度 v_c。具体数据应根据机床使用说明书、切削用量手册，并结合实际加工经验加以修正确定。

2) 确定方法

先查刀具产品目录或切削用量手册，确定 v_c 和 f。注意：一般刀具目录中提供的切削速度推荐值是按刀具耐用度 30min 给出的，假如加工中要使刀具耐用度延长到 1h，则切削速度值应取推荐值的 70%~80%。

3) 计算主轴转速 n(r/min)

$$n = \frac{1000 v_c}{\pi D}$$

式中：v_c 为切削速度(单位：m/min)；D 为刀具直径(单位：mm)。

4) 计算进给速度 v_f

$$v_f = f \times z \times n$$

式中：f 为每齿进给量；z 为铣刀的刀刃数；n 为刀具的转速。

5) 背吃刀量 a_p

在系统刚性允许的情况下,应以最少的切深次数切净余量,刀具与零件的接触长度 $H\leqslant(1/4\sim 1/6)R$。以保证刀具有足够的刚度。精加工余量一般为 0.2～0.8。

综合考虑刀具、工件材料及工件加工精度和生产率等问题,确定数控加工工序卡见表 19-1。

表 19-1 数控加工工序卡片

机床:加工中心 FANUC 0i MC					加 工 参 数			
序号	工序内容	刀具号	刀具规格	主轴转速 /(r/mm)	进给速度 /(mm/min)	背吃刀量/mm	余量
1	粗铣外轮廓及底面	T1	ϕ22 立铣刀	500	200	4.75	0.5
2	粗铣同心圆型腔	T2	ϕ10 键槽刀	600	300	1	0.5
3	粗铣 6 个叶片型腔	T2	ϕ10 键槽刀	1000	300	1	0.5
4	精铣外轮廓及底面	T3	ϕ14 立铣刀	800	300	0.5	0
5	精铣同心圆型腔	T3	ϕ14 立铣刀	800	300	0.5	0
6	精铣 6 个叶片型腔	T4	ϕ8 立铣刀	1000	200	0.5	0
7	钻中心孔	T5	ϕ3 中心钻	1000	50	—	—
8	钻孔	T6	ϕ10 钻头	1200	80	2.0	0
9	铣 ϕ21 孔	T3	ϕ14 立铣刀	800	80	1	0

19.3 加 工 造 型

利用 CAXA 制造工程师的造型功能,对图 19-5 零件及其毛坯(毛坯为线框造型的六方体)进行建模,并设定工件坐标系如图 19-5 所示。

19.4 粗铣外轮廓

平面零件的周边轮廓铣削,一般采用立铣刀。刀具半径应小于零件轮廓的最小曲率半径,一般取最小曲率半径的 0.8 倍～0.9 倍。零件 Z 方向的吃刀深度,不要超过刀具半径。

(1) 提取实体边线,选用如图 19-6 所示相关线命令,在左边的立即菜单选择"实体边界"选项,提取加工轮廓的边界线备用。

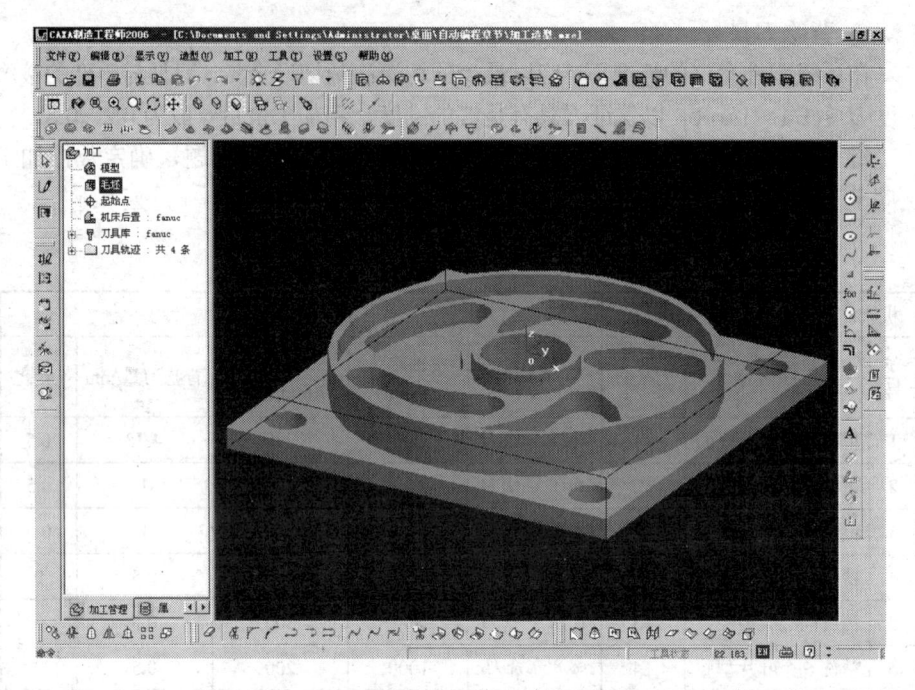

图 19-5　零件加工造型

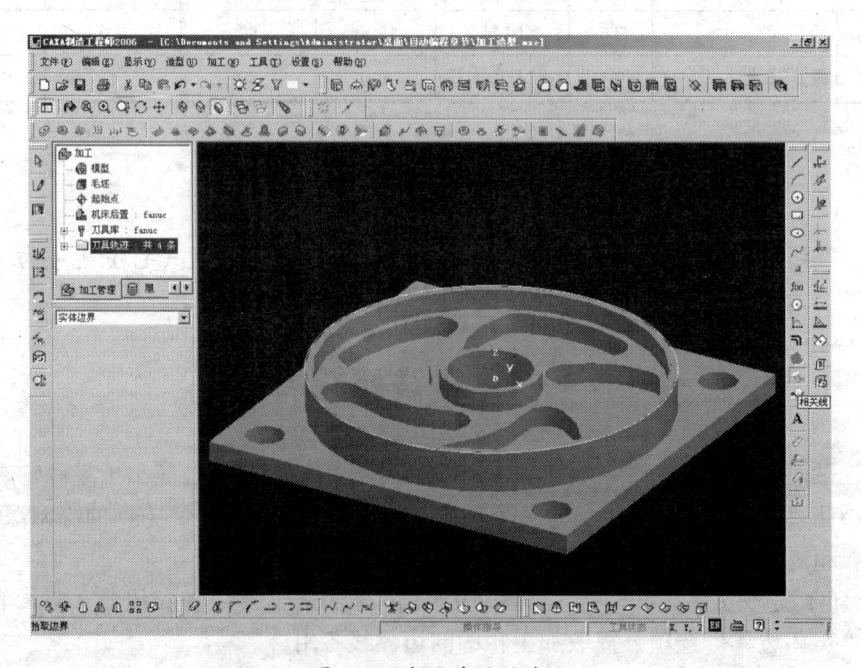

图 19-6　提取实体边线

(2) 选择"平面轮廓精加工"命令，定义各个加工策略如图 19-7 所示。

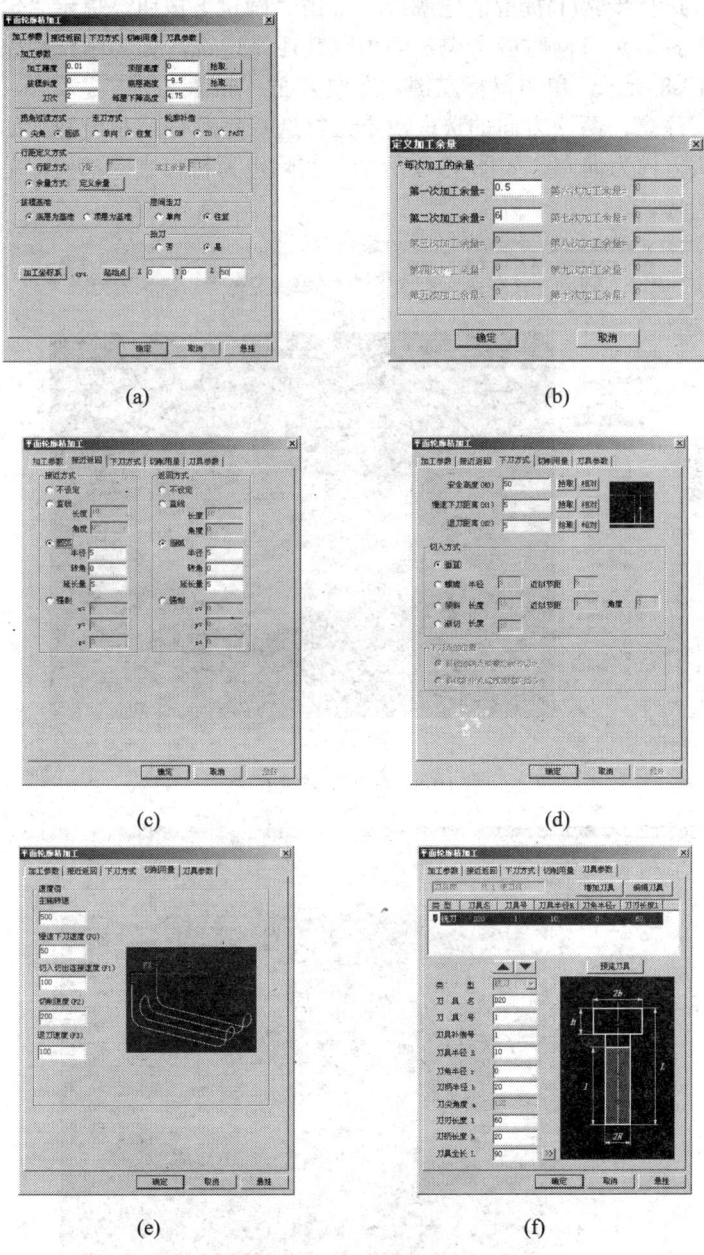

图 19-7 轮廓粗铣参数设置

(a) 加工参数对话框；(b) 加工余量对话框；(c) 接近返回方式对话框；
(d) 下刀方式对话框；(e) 切削用量对话框；(f) 刀具参数对话框。

189

(3) 参数填写完毕后，单击"确定"按钮，屏幕左下角提示"拾取要加工的轮廓线"，选择步骤(1)提取的轮廓线，单击"确定"按钮，提示"输入链搜索方向"，选择箭头方向时应考虑铣削为顺铣还是逆铣，如为顺铣，先选箭头向上，如图 19-8 所示，单击鼠标左键，选取方面。屏幕左下方提示"再次拾取箭头放向"，注意，两次方向的选取决定最终选择是顺铣还是逆铣，如为顺铣，再选择箭头方向为向左，如图 19-9 所示，实际也为材料去除部位，单击鼠标左键，结束选择。

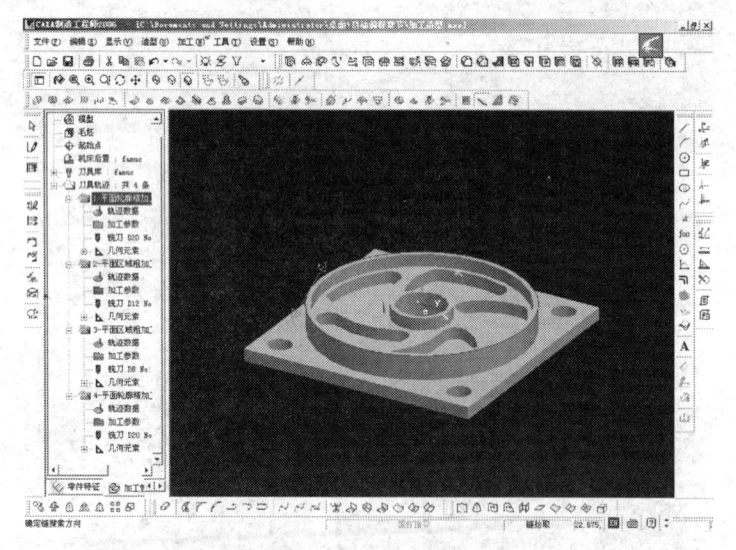

图 19-8 拾取链搜素方向

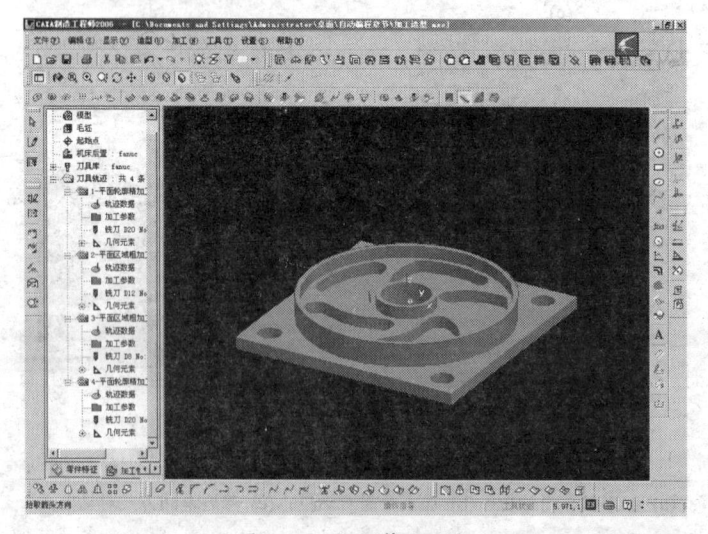

图 19-9 拾取箭头方向

(4) 加工部位及加工方式确定后,接着屏幕左下方提示"输入进退刀点",按软件提示直接右击,软件便会默认起始点在曲线的起点。至此,外轮廓加工参数步骤设置结束,若参数设置合理协调,将出现图 19-10 所示刀具加工轨迹图。

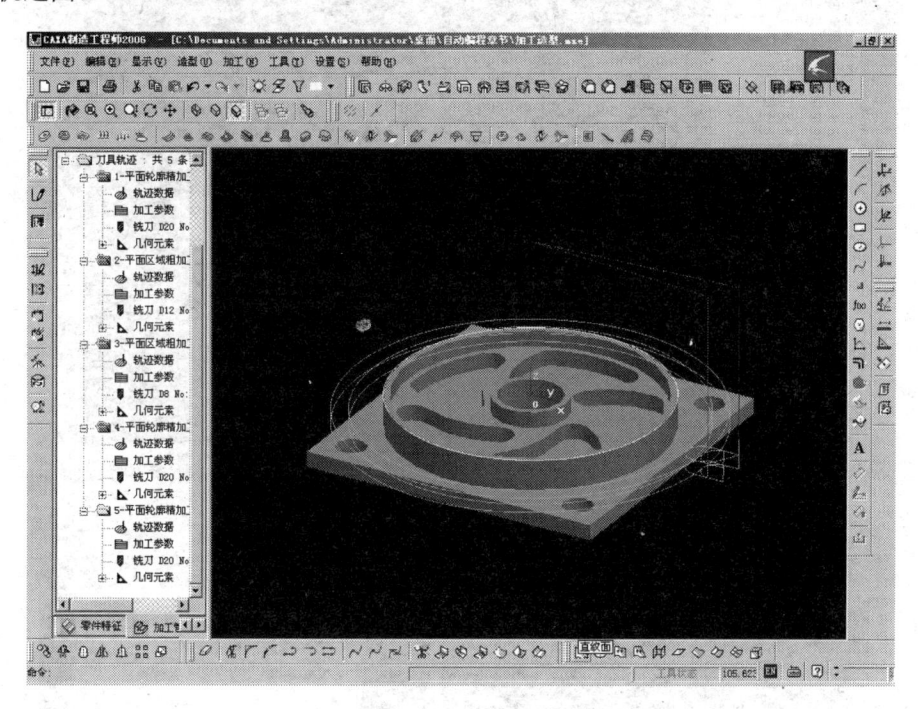

图 19-10 刀具加工轨迹图

(5) 加工轨迹仿真。如图 19-11 所示,在屏幕左边的刀具轨迹树选中刚刚生成的加工轨迹,右击,选择轨迹仿真,出现图 19-12 所示加工仿真界面,单击"加工仿真"按钮，并单击仿真对话框的"开始"按钮，即可进行刀具加工轨迹几何仿真,仿真结果如图 19-12 所示。

(6) 加工代码生成。关闭加工仿真界面,回到加工定义主界面,注意,默认的机床后置刀具库后置均为 FANUC,因此,可以直接生成程序代码,步骤为选中刚生成的轮廓加工轨迹,右击,选择后置处理——生成 G 代码,如图 19-13 所示。单击"确认"按钮,并根据提示选择一个存放目录及名字,即可生成 FANUC 系统的数控代码如图 19-14 所示。注意前后加上"%"号及程序名,以便程序传输和机床调用,如果是加工中心调用的程序,还需在程序适当部位加上刀具调用指令及换刀指令。

191

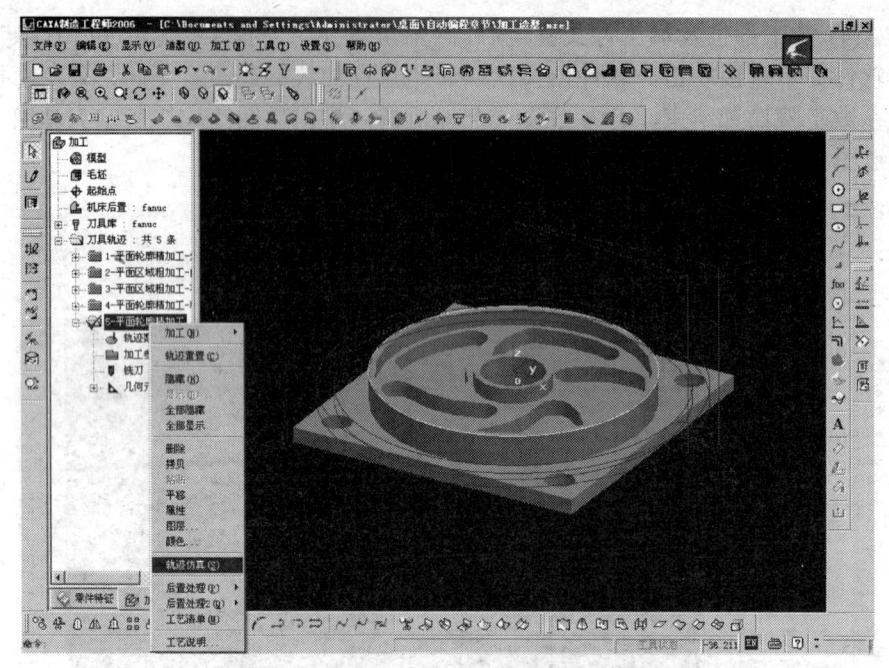

图 19-11 加工轨迹仿真调用

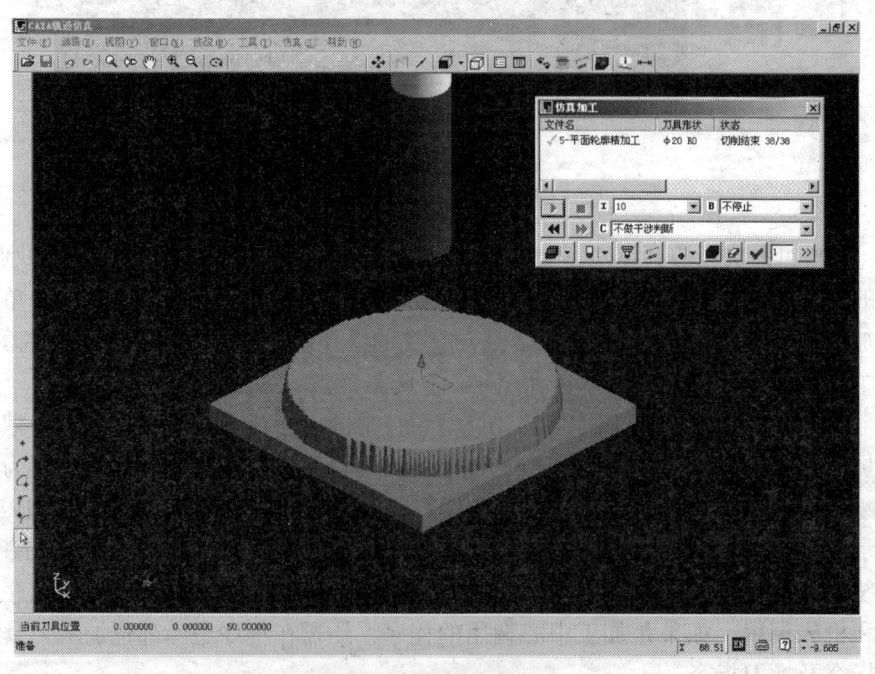

图 19-12 刀具轨迹仿真

图 19-13　生成 G 代码步骤

图 19-14　轮廓加工 G 代码

注意：一个复杂零件的刀具轨迹很多，因此当一个刀具轨迹设置好后，可以右击刀具轨迹名称将其隐藏，以便于后续加工不受干扰。

19.5　粗铣同心圆型腔

(1) 提取实体边线，方法同上，提取将加工的内轮廓的边界线备用，如图 19-15 所示。

图 19-15 提取内轮廓加工边界线

(2) 选择"平面区域粗加工"命令 ⊡ ，定义各个加工策略如图 19-16 所示

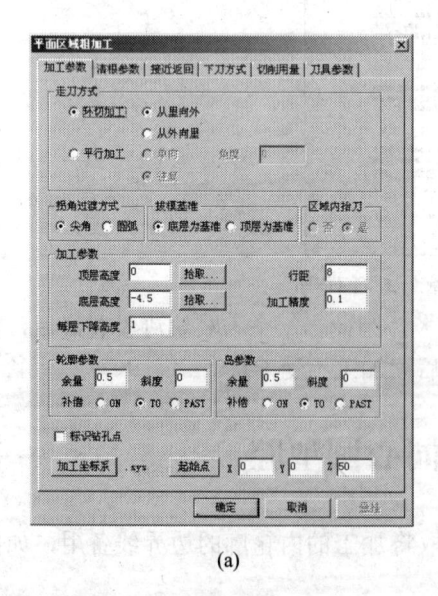

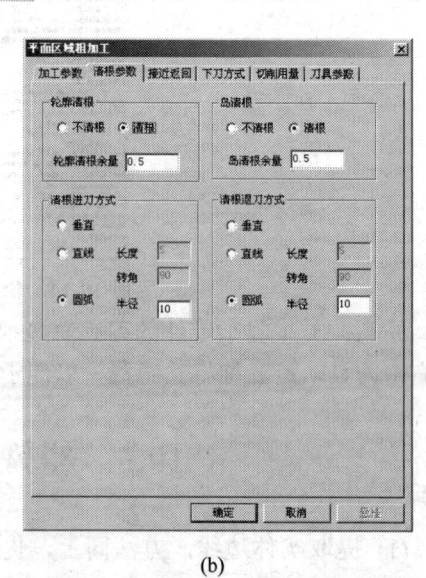

(a)　　　　　　　　　　　　　　(b)

(c)   (d)

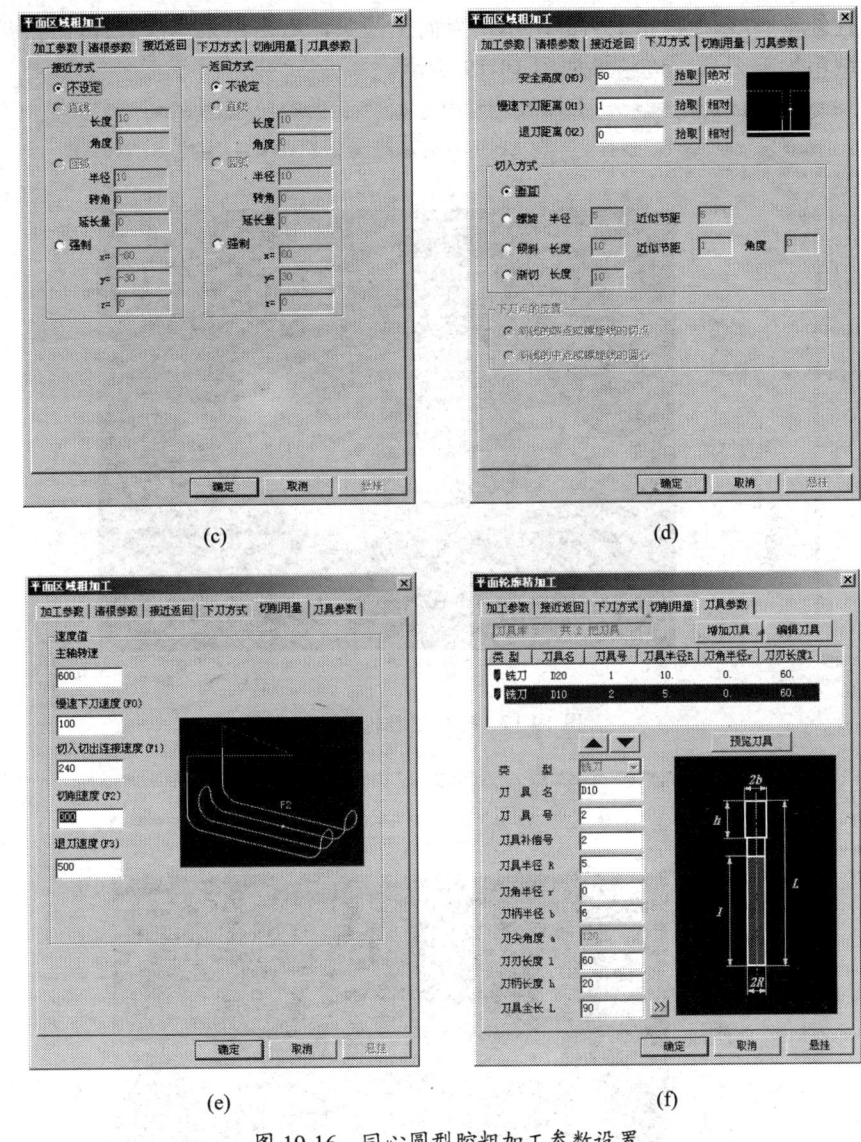

(e)   (f)

图 19-16   同心圆型腔粗加工参数设置

(a) 加工参数对话框；(b) 清根参数对话框；(c) 接近返回方式对话框；

(d) 下刀方式对话框；(e) 切削用量对话框；(f)刀具参数对话框。

(3) 参数填写完毕后单击"确定"按钮,屏幕左下角提示"拾取要加工的轮廓线",选择步骤(1)提取的大圆轮廓线,单击"确定"按钮,提示"输入链搜索方向",选择箭头方向时应考虑铣削为顺铣还是逆铣,如为顺铣,选箭头向下,如图 19-17 所示,单击"确认"按钮。屏幕左下方提示"拾取岛屿",选

195

择圆柱外轮廓线，如图 19-18 所示，点向上箭头，右击结束本次选择，可得平面区域粗加工刀具轨迹结果如图 19-19 所示。

图 19-17　选择型腔轮廓线

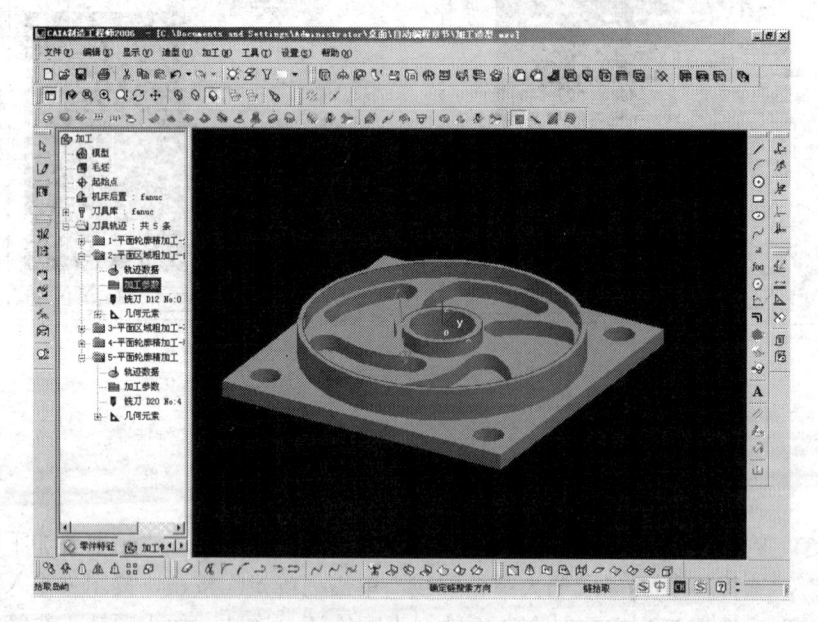

图 19-18　选择岛屿

图 19-19　平面区域粗加工刀具轨迹

至此，可以进行加工刀具轨迹仿真如图 19-20 所示和程序代码生成。

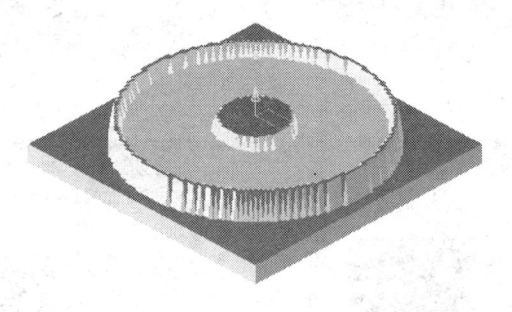

图 19-20　内轮廓加工刀具轨迹仿真结果

19.6　粗铣叶片型腔

和铣同心圆型腔步骤类似，铣叶片型腔也是采用平面区域粗加工命令实现的。6 个叶片型腔在加工参数设置上完全一致，因此可以先选择其中一个叶片设置加工参数，经刀具轨迹仿真无误后可以默认同样的参数设置顺次快速定义剩余型腔加工。如图 19-21 为加工叶片型腔时的加工策略定义。

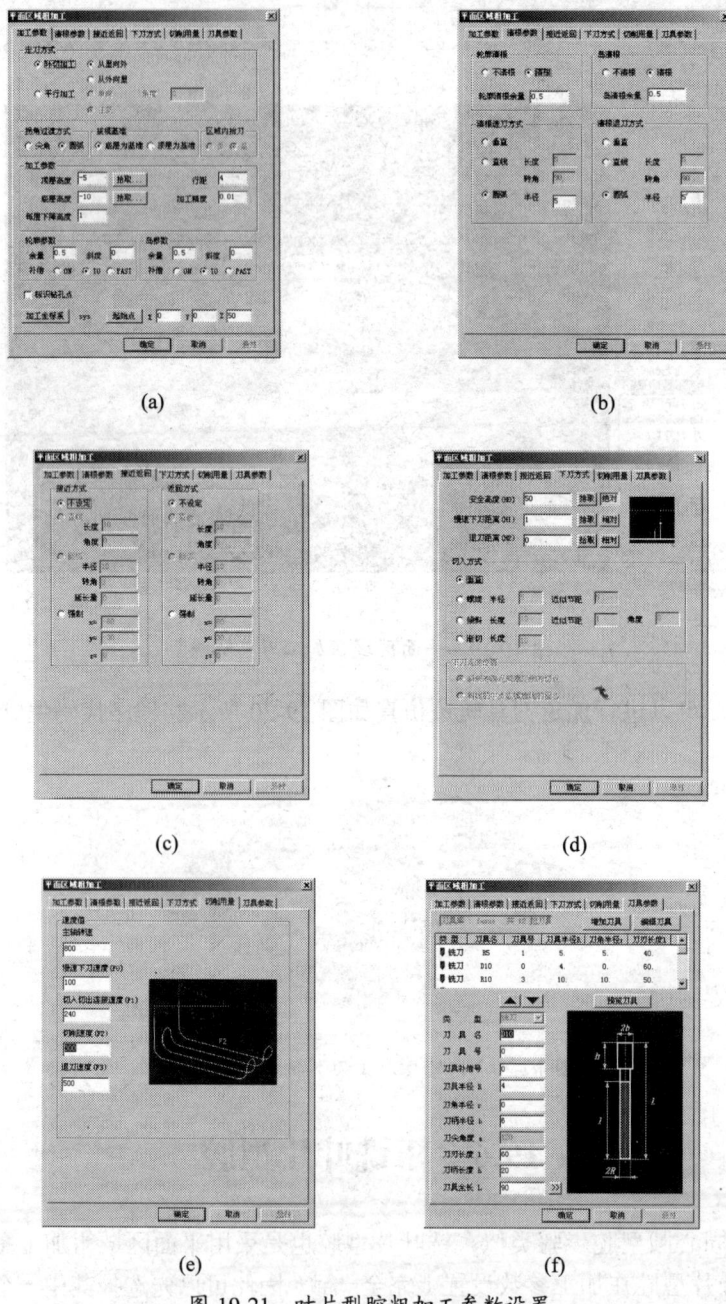

图 19-21 叶片型腔粗加工参数设置

(a) 加工参数对话框；(b) 清根参数对话框；(c) 接近返回方式对话框；
(d) 下刀方式对话框；(e) 切削用量对话框；(f) 刀具参数对话框。

其他 5 个叶片型腔的加工步骤如下：
(1) 提取其他 5 个叶片型腔的轮廓线。
(2) 单击"平面区域粗加工"按钮，保持与第一个型腔的参数设置一致。
(3) 选择加工轮廓为"型腔内轮廓线"，忽略加工岛屿。
(4) 型腔定义结果如图 19-22 所示，加工仿真结果如图 19-23 所示。

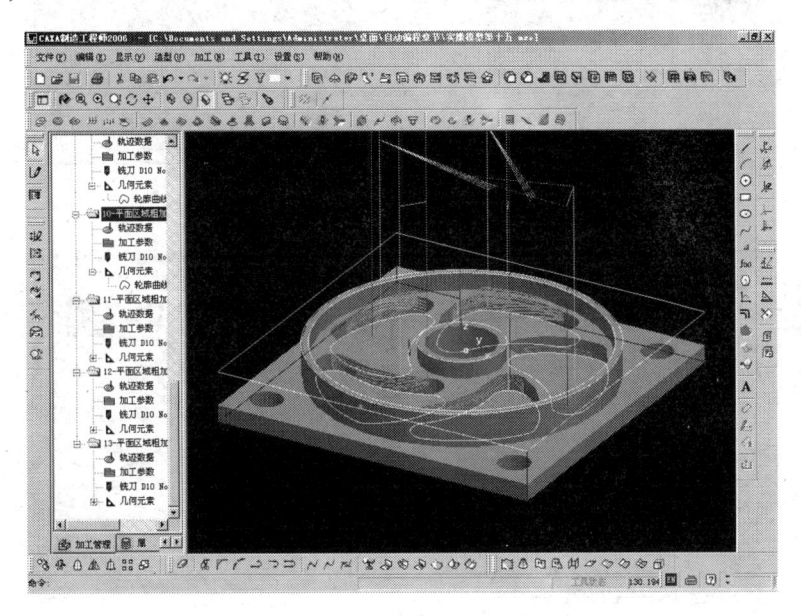

图 19-22　叶片型腔加工策略定义

图 19-23　叶片型腔加工仿真结果

19.7　精铣外轮廓

(1) 提取实体边线，选用相关线命令，在左边的立即菜单选择"实体边界"选项，提取将加工轮廓的边界线备用。
(2) 选择"平面轮廓精加工"命令，定义各个加工策略如图 19-24 所示。

199

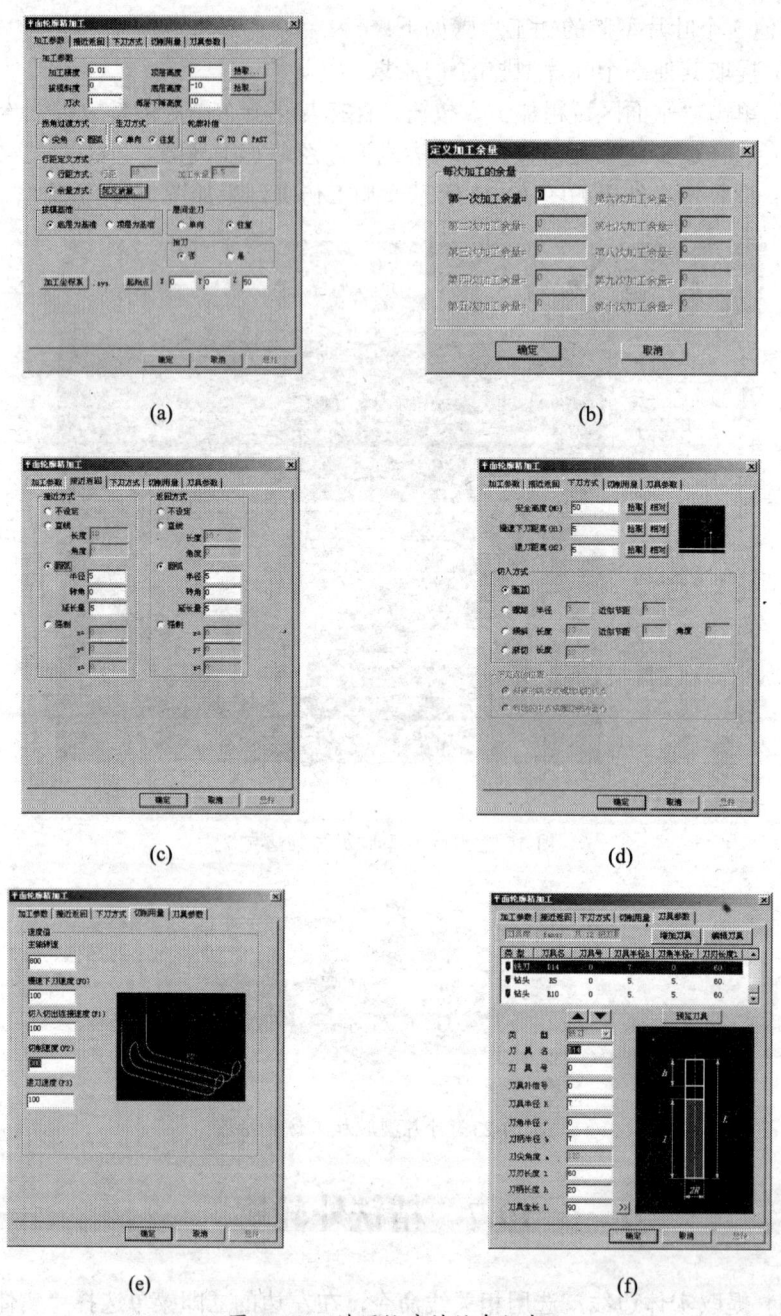

图 19-24　填写轮廓精铣参数表

(a) 加工参数对话框；(b) 加工余量对话框；(c) 接近返回方式对话框；
(d) 下刀方式对话框；(e) 切削用量对话框；(f) 刀具参数对话框。

(3) 参数填写完毕后单击"确定"按钮，屏幕左下角提示"拾取要加工的轮廓线"，选择步骤(1)提取的轮廓线，单击"确定"按钮，提示是输入链搜索方向，选一个搜索方向并单击"确认"按钮，屏幕左下方提示"再次拾取箭头放向"，注意，两次方向的选取决定最终选择是顺铣还是逆铣。

(4) 加工部位及加工方式确定后，接着屏幕左下方提示输入进退刀点，按软件提示直接右击。至此，外轮廓加工参数步骤设置结束，刀具轨迹如图 19-25 所示。

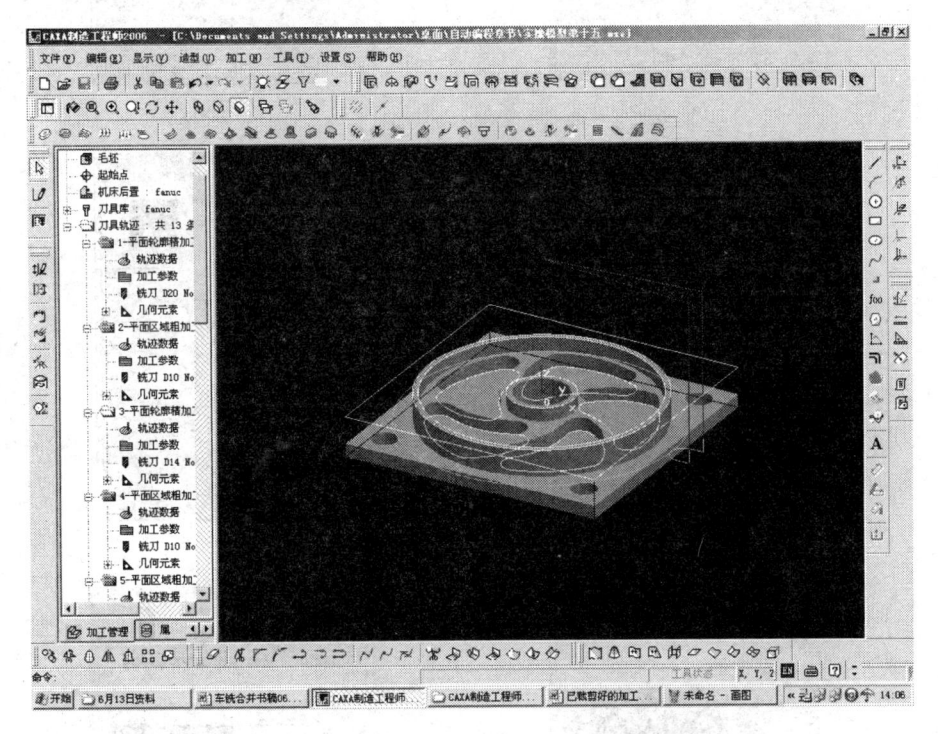

图 19-25 所示刀具加工轨迹图

(5) 加工轨迹仿真方法同粗加工，不再赘述。
(6) 加工代码生成方法同粗加工，不再赘述。

19.8 精铣同心圆型腔

(1) 提取实体边线，方法同上，提取将加工的内轮廓的边界线备用。
(2) 选择"平面区域粗加工"命令 ，定义各个加工策略如图 19-26 所示。

201

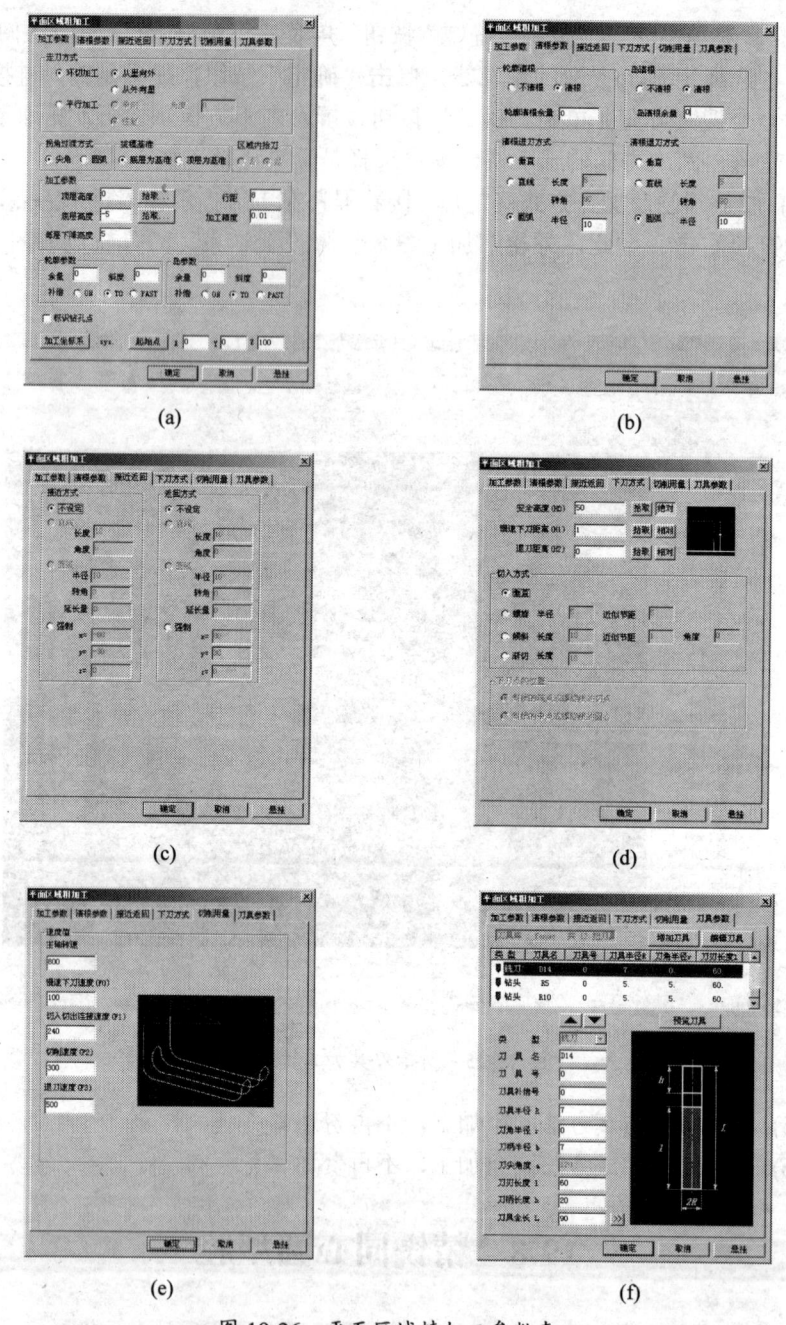

图 19-26 平面区域精加工参数表

(a) 加工参数对话框；(b) 清根参数对话框；(c) 接近返回方式对话框；
(d) 下刀方式对话框；(e) 切削用量对话框；(f) 刀具参数对话框。

(3) 参数填写完毕后单击"确定"按钮，屏幕左下角提示"拾取要加工的轮廓线"，选择步骤(1)提取的大圆轮廓线，单击"确定"按钮，依次确定链搜索方向及去除材料方向，选择箭头方向时应考虑铣削为顺铣还是逆铣，单击"确认"按钮，屏幕左下方提示"拾取岛屿"，选择圆柱外轮廓线，并确定箭头方向后，右击结束本次选择，可得平面区域精粗加工刀具轨迹结果如图19-27所示。

至此，可以进行加工刀具轨迹仿真和程序代码生成。

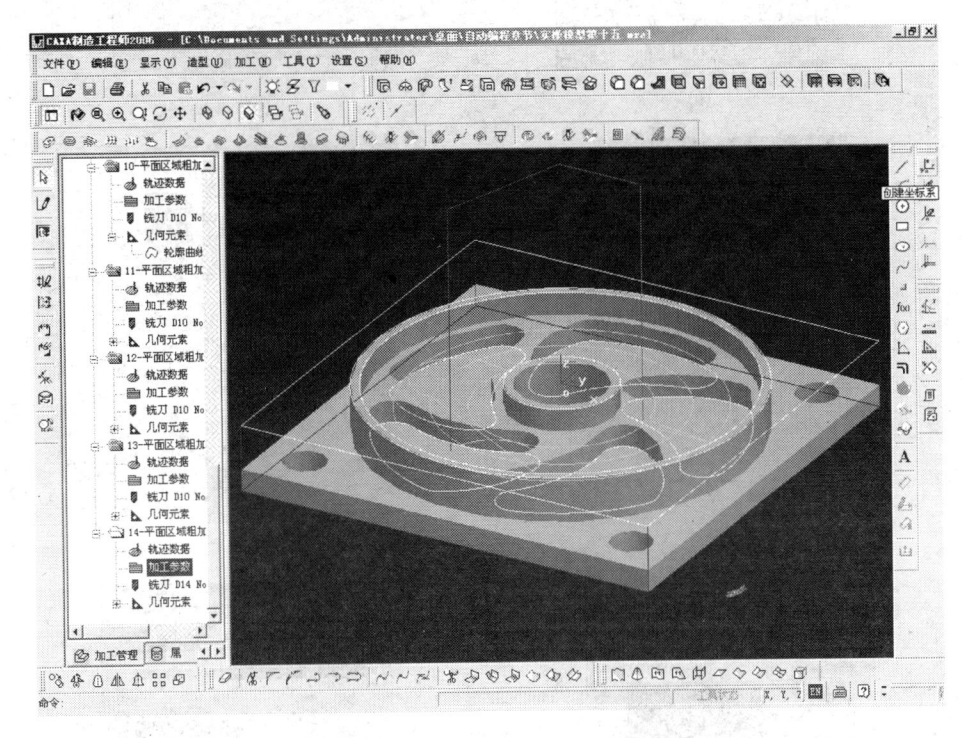

图 19-27 精铣同心圆型腔刀具轨迹

19.9 精铣叶片型腔

和粗铣同心圆型腔步骤类似，精铣叶片型腔也是采用平面区域粗加工命令实现的。6个叶片型腔在加工参数设置上完全一致，因此可以先选择其中一个叶片设置加工参数，经刀具轨迹仿真无误后可以默认同样的参数设置通顺次快速定义剩余型腔加工。如图 19-28 为加工叶片型腔时的加工策略定义。

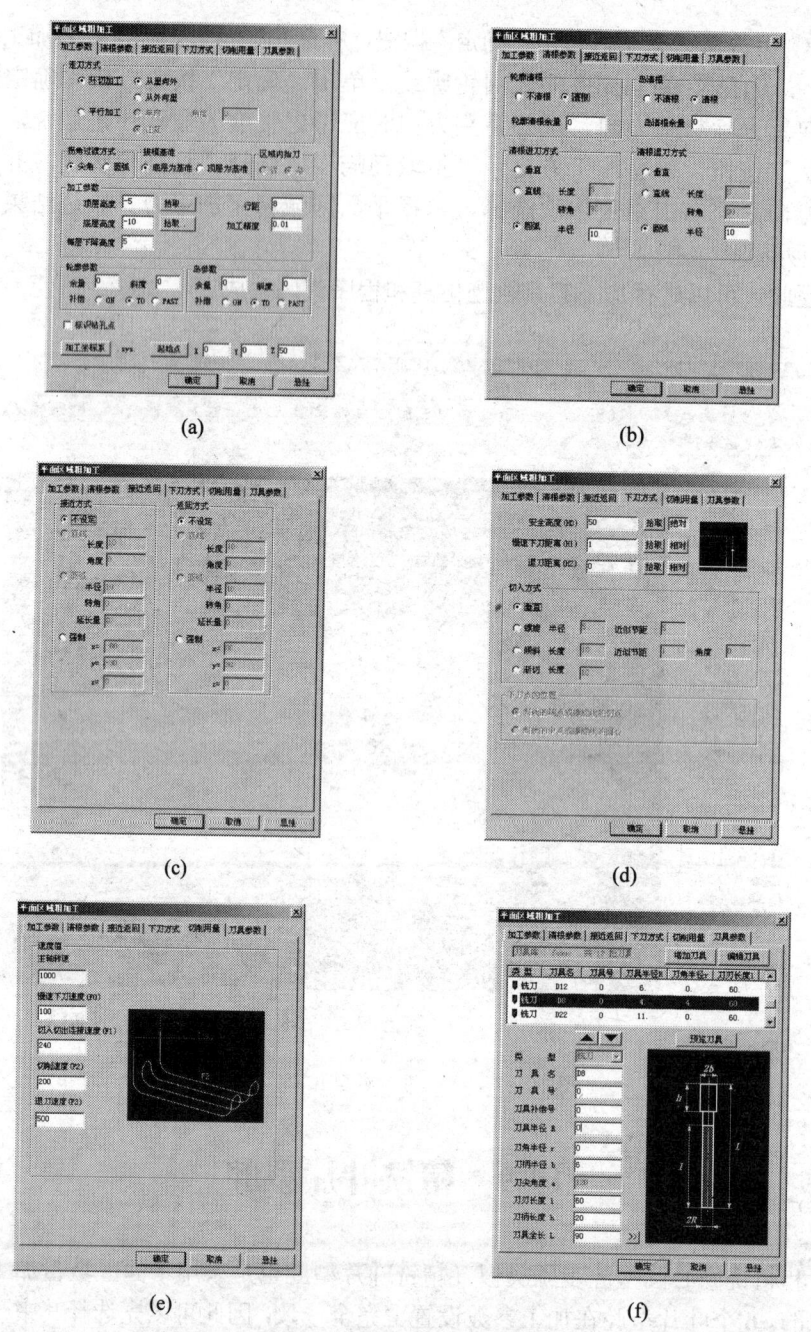

图 19-28 叶片型腔精铣加工参数表

(a) 加工参数对话框；(b) 清根参数对话框；(c) 接近返回方式对话框；
(d) 下刀方式对话框；(e) 切削用量对话框；(f) 刀具参数对话框。

其他五个叶片型腔的加工步骤如下：
(1) 提取其他 5 个叶片型腔的轮廓线。
(2) 单击"平面区域粗加工"按钮，保持与第一个型腔一致的参数设置。
(3) 选择加工轮廓为"型腔内轮廓线"，忽略加工岛屿。
(4) 型腔定义结果如图 19-29 所示，加工仿真结果不再叙述。

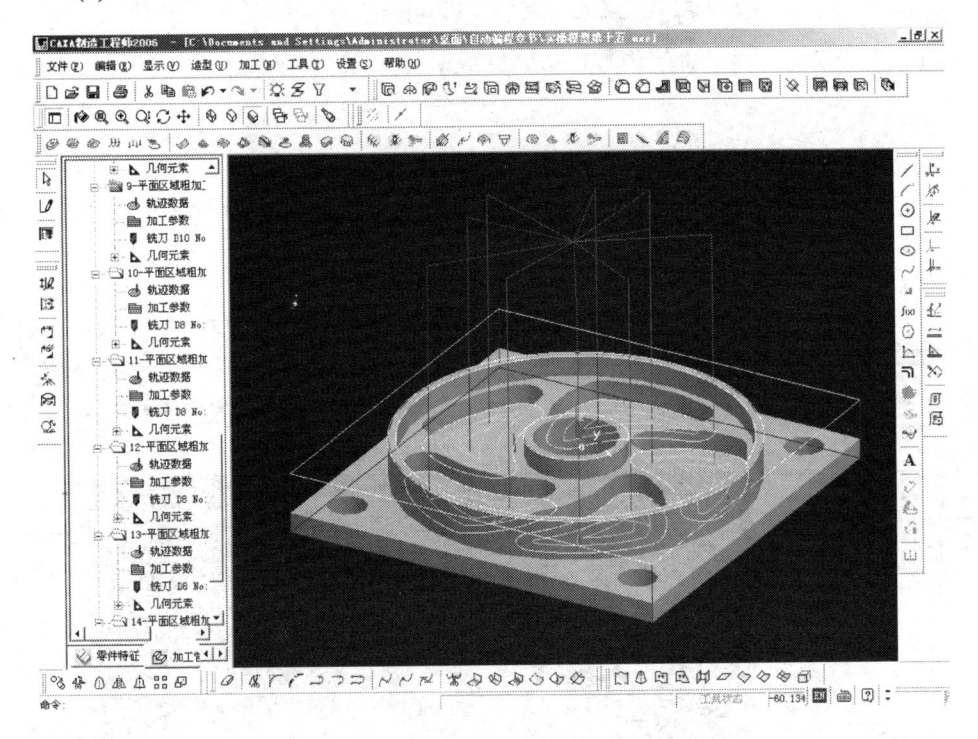

图 19-29 叶片型腔精铣加工刀具轨迹

19.10 钻 孔

孔加工程序相对较为简单，在本实例中，首先采用中心钻钻5个中心孔，其中 $\phi 21mm$ 的孔是先钻后铣，用平面区域粗加工即可铣削达到图纸要求，$4\times\phi 10mm$ 孔直接用 $\phi 10mm$ 钻头钻削即可达到图纸要求，因此，这里仅演示 $4\times\phi 10mm$ 孔的加工参数定义及刀具轨迹生成。

(1) 单击"工艺钻孔功能"按钮▽，在图 19-30 所示对话框单击"拾取圆"按钮，依次拾取要加工的 4 个圆，如图 19-31 所示，拾取完后右击确认，单击"下一步"按钮。

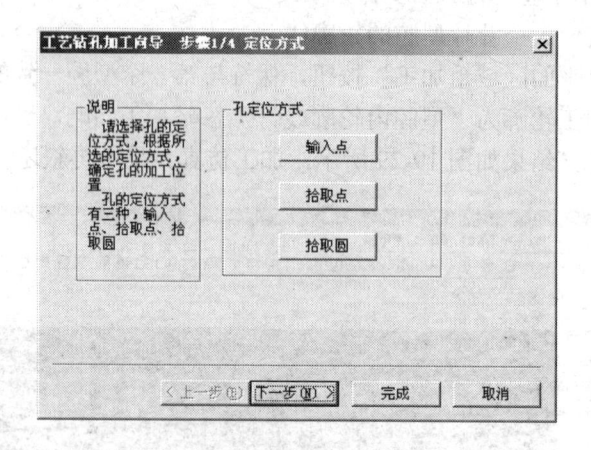

图 19-30　确定孔位置的方式

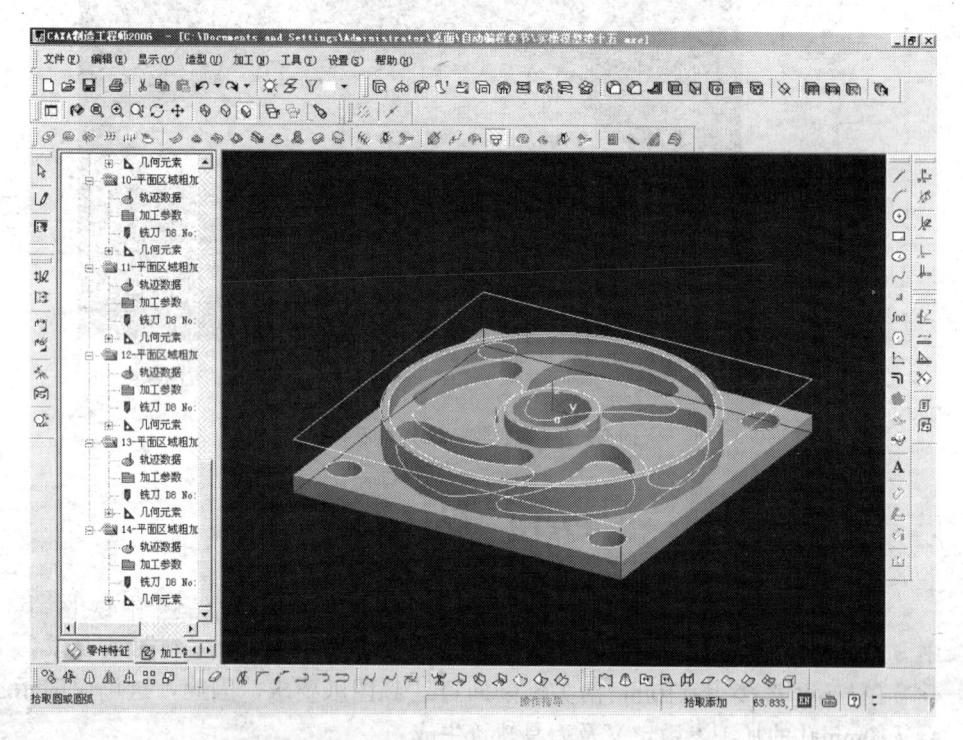

图 19-31　依次拾取 4 个圆定孔在 X，Y 向的位置

(2) 在图 19-32 对话框选择钻削加工最短路径优化策略，并单击"下一步"按钮。

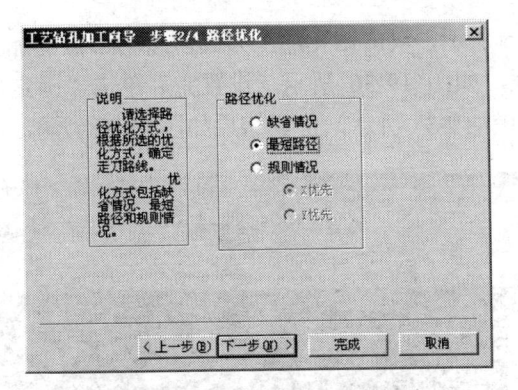

图 19-32　孔系钻削路径优化

(3) 保持默认孔类型为普通孔,并单击"下一步"按钮,如图 19-33 所示。

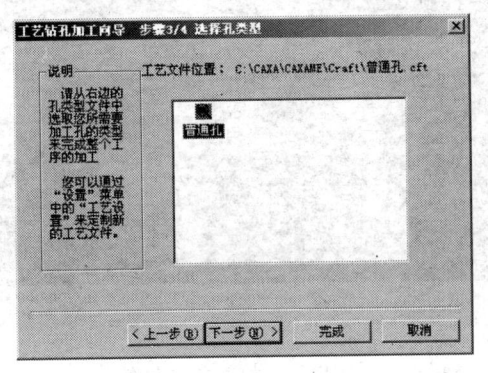

图 19-33　孔加工类型设置

(4) 如图 19-34 所示,到此为止,孔加工工艺流程路线设定结束。单击"完成"按钮生成加工轨迹。

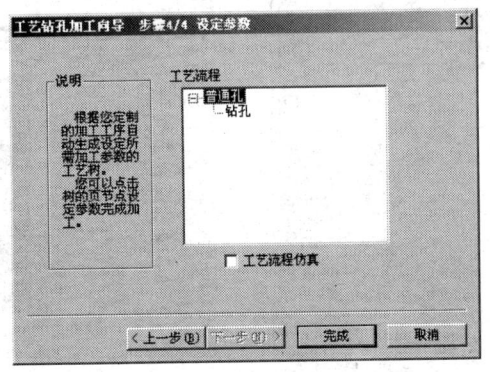

图 19-34　孔加工工艺流程设置结束

207

(5) 如图 19-35 所示，双击钻孔加工刀具轨迹树节点的加工参数，出现孔加工参数设置对话框，如图 19-36 所示，设置完后单击"确定"按钮，所生成的孔加工刀具轨迹如图 19-37 所示，仿真结果如图 19-38 所示。

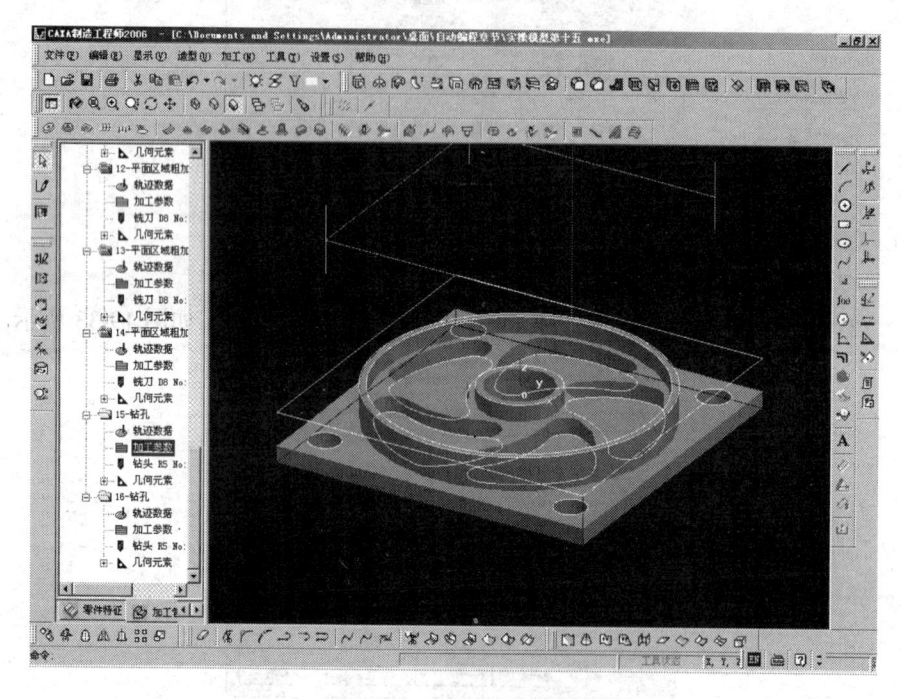

图 19-35　加工参数修改

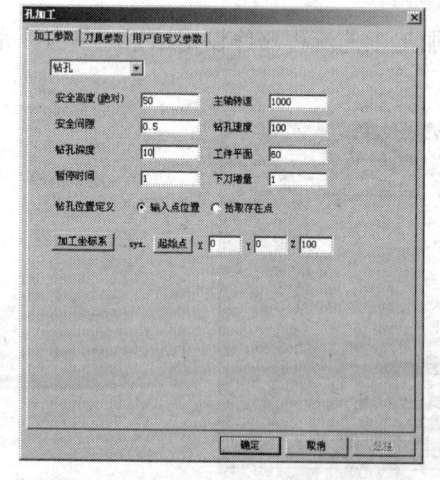

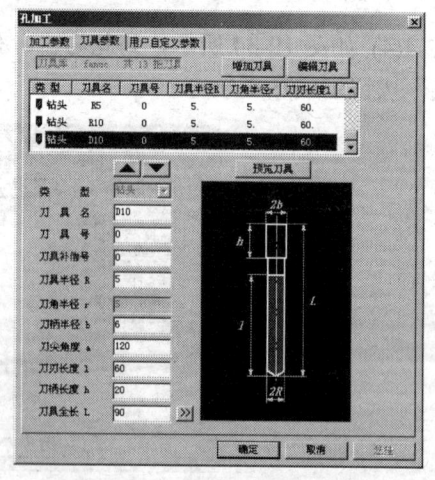

图 19-36　孔加工及刀具参数定义

图 19-37 孔加工刀具轨迹

图 19-38 孔加工仿真结果

19.11 加工实例

加工如图 19-39 所示的零件,毛坯 100mm×60mm×15mm 的长方体,材料为铝合金,要求:
(1) 分析数控加工工艺。
(2) 编制数控加工程序。
(3) 加工仿真。

209

(4) 实际零件加工。
(5) 完成实训报告。

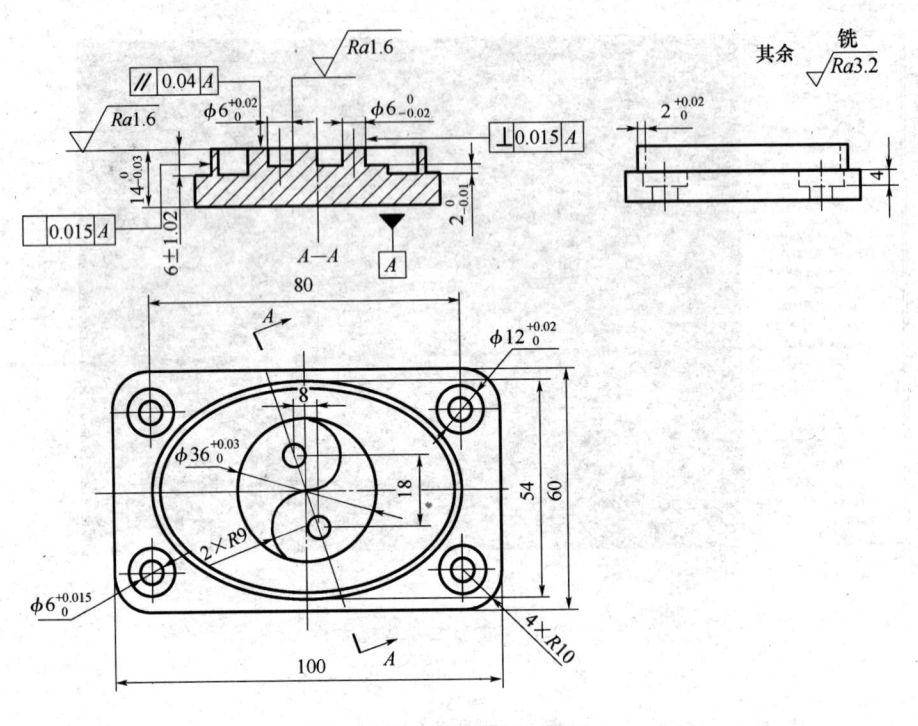

图 19-39 同步练习图

项目20　数控铣削加工综合实训

【实训目标】

(1) 掌握复杂零件工艺路线的制定。
(2) 掌握螺纹孔的加工程序和方法。

综合实体实训图如图20-1所示。

图20-1　综合实训实体图

【实训仪器与设备】

(1) 数控铣床加工仿真系统一套。
(2) 数控铣床一台。
(3) ϕ80mm的面铣刀、ϕ14mm粗齿三刃立铣刀、ϕ12mm细齿三刃立铣刀、ϕ3中心钻、ϕ11.5mm直柄麻花钻、ϕ35mm锥柄麻花钻、ϕ37.5mm粗镗刀、ϕ38mm精镗刀、ϕ8.5mm钻头、M10机用丝锥。
(4) 毛坯外形尺寸160mm×120mm×40mm,材料为45号调质钢。

20.1　加工实例

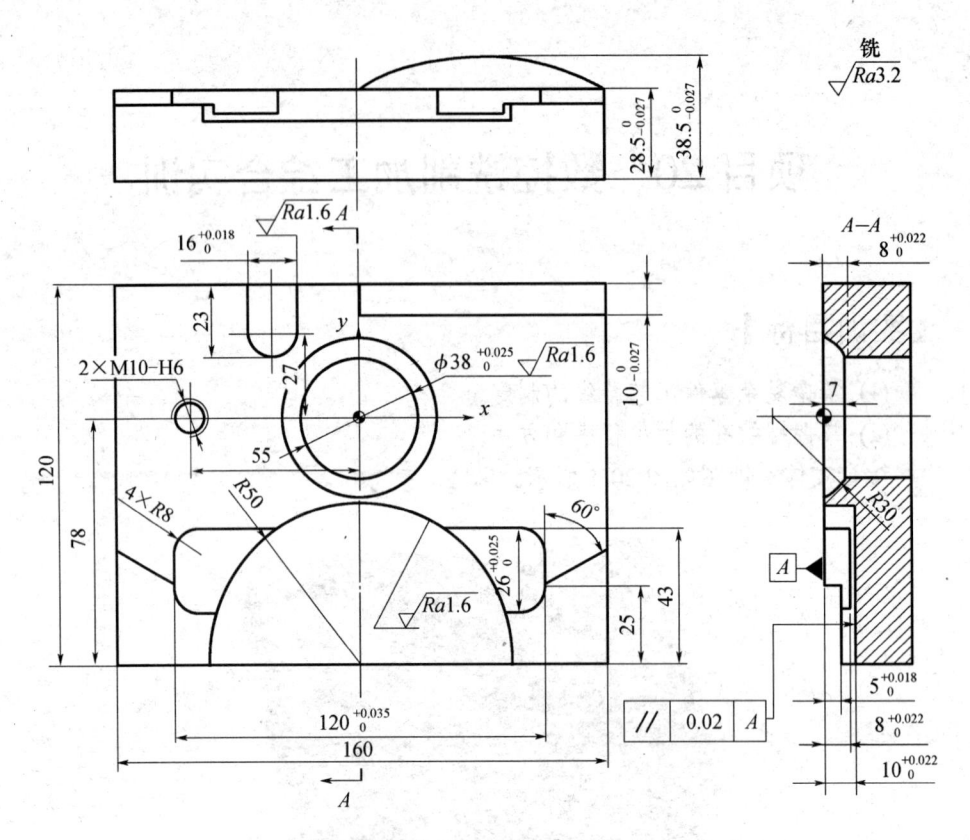

图 20-2 综合实训零件图

20.2 工艺分析

(1) 采用液压平口钳装夹工件。

(2) 以工件上表面(基准面 A)为刀具补偿后的 Z 向坐标零点,工件上表面 $\phi38$ 孔的中心位置为 XOY 零点。

(3) 刀具长度补偿可以利用 Z 轴定位器设定,利用半径补偿来进行粗加工和精加工。

(4) 加工路线是:粗、精加工表面 A→粗铣深 5mm 的凹槽→粗铣宽 26mm 的凹槽→粗铣 R50 凹圆弧槽→粗铣宽 16mm 凹槽→粗铣 R85 圆弧凸台侧面→定中心孔位置→钻中间位置孔→扩中间位置孔→精铣深 5mm 的凹槽→精铣宽 26mm 的凹槽→精铣 R50 凹圆弧槽→精铣宽 16mm 凹槽→精铣 R85 圆弧凸台侧面与表面→粗镗 $\phi37.5$mm 孔→精镗 $\phi38$mm 孔→钻螺纹底孔→攻螺纹 M10→铣孔口 R30 圆角。

(5) 对零件图样要求给出加工工序和刀具的选择见表 20-1。

表 20-1 数控铣削加工工艺卡片

| 机床：加工中心 FANUC oi MC ||||| 加工参数 |||||
工序	加工内容	刀具号码	刀具类型	主轴转速/(r/min)	轴向进给量/(mm/min)	径向进给量/(mm/min)	半径补偿	长度补偿
1	加工表面 A	T1	ϕ80 面铣刀	600	80	130	—	H01
2	粗铣深 5mm 的凹槽	T2	ϕ14 立铣刀	600	80	100	D01D02	H02
3	粗铣宽 26mm 的凹槽	T2	ϕ14 立铣刀	600	80	100	D01D02	H02
4	粗铣 R50 凹圆弧槽	T2	ϕ14 立铣刀	600	80	100	D01D02	H02
5	粗铣宽 16mm 凹槽	T2	ϕ14 立铣刀	600	80	100	D01D02	H02
6	粗铣 R85 圆弧凸台侧面与表面	T2	ϕ14 立铣刀	600	80	100	D02	H02
7	定中间孔位置	T3	ϕ中心钻	1000	60	—		H03
8	钻中间位置孔	T4	ϕ11.8 直柄麻花钻	550	80	—		H04
9	扩中间位置孔	T5	ϕ35 锥柄麻花钻	150	20	—		H06
10	精铣深 5mm 的凹槽	T6	ϕ12 立铣刀	1300	80	120	D05D06	H06
11	精铣宽 26mm 的凹槽	T6	ϕ12 立铣刀	1300	80	120	D05D06	H06
12	精铣 R50 凹圆弧槽	T6	ϕ12 立铣刀	1300	80	120	D05D06	H06
13	精铣宽 16mm 凹槽	T6	ϕ12 立铣刀	1300	80	120	D05D06	H06
14	精铣 R85 圆弧凸台侧面与表面	T6	ϕ12 立铣刀	1300	80	120	D06	H06
15	粗镗 ϕ37.5mm 孔	T7	ϕ37.5 镗刀	850	60	—	D07	H07
16	精镗 ϕ38mm 孔	T8	ϕ38 镗刀	1000	40	—	D08	H08
17	钻螺纹底孔	T9	ϕ8.5 钻头	600	45	—	D09	H09
18	攻螺纹 M10	T10	M10 机用丝锥	100	150	—	D10	H10
19	孔口 R30 圆角	T2	ϕ14 立铣刀	800	1000	1000	D02	H02

注：D01=18.0 D02=7.1 D04=5.99 D05=6.0

20.3 加工程序

加工程序见表 20-2。

表 20-2 加工程序

程序内容	程序注释
% O1	主程序
G91G28Z0;	机床初始化
G90G17G49G94G40	程序初始化，绝对编程，XY 平面，进给率单位为 mm/min，取消长度补偿，取消半径补偿
T1M6;	采用 ϕ80 面铣刀粗加工表面 A
G90G54G0X0Y0S600M3;	工件坐标系原点，主轴正转
G43H01Z150.0;	1 号刀具长度补偿
X-125Y-45	
Z10M08	
M98P40100	调用 4 次 100 号子程序
G00Z150	
G00X-125Y-45M08	
Z2.4	
M98P100	精加工表面 A，调用 100 号子程序
G00Z150M09	
M05	
T2M6;	更换 ϕ14mm 立铣刀
G90G54G0X0Y0S600M3;	
G43H2Z150.0;	
X100;	
Z15M08;	
G00X100 Y-41.453;	
G00Z15;	
G01Z-5.01F80;	
G41D1M98P200F100;	精加工深 5mm 凹槽，调用 200 号程序，半径补偿值 D1=18.0mm
G00X100Y-41.453	
G00Z15M08;	
G01Z-5.01F80	
G41D2M98P200F100	粗加工深 5mm 凹槽，调用 200 号程序，半径补偿值 D2=7.1mm
G00Z150	
X0Y-100	
G00Z15	
G01Z-8.01F80	

(续)

程序内容	程序注释
G41D2M98P300F100	粗加工宽 26mm 凹槽，调用 300 号程序
G00Z150	
G01Z-5.0F80	
G41D1M98P400F100	粗加工 R50 凹圆弧，调用 400 号子程序
G41D2M98P400F100；	粗加工 R 凹圆弧，调用 400 号子程序
G01Z-10.01F80	
G41D1M98P400F100；	粗加工 R 凹圆弧，调用 400 号子程序
G01G41D2M98P400F100	等高分层切削，每层下降 5mm
G00Z150	
G00X-28Y60	
G00Z15	
G01Z-8.01F80	
G01G41D2M98P500F100	粗加工宽 16mm 凹槽，调用 500 号子程序
G00Z150	
G00X-20Y60	
G00Z15	
G01Z0F80	
G01Y42	
D2M98P30600F100	粗加工 R85mm 圆弧凸台侧面，调用 600 号子程序
G00Z150	
M09	
M05	
T3M6；	更换 ϕ3 中心钻
G90G54G0X0Y0S1000M3；	
G43H3Z150.0；	
X0Y0；	
Z10M08；	
G81X0Y0Z-3R5F60；	定位孔的位置
G00Z150M09；	
M05；	
T4M6；	更换 ϕ11.8mm 钻头
G90G54G0X0Y0S550M3；	
G43H4Z150.0；	
X0Y0	
Z10 M08	
G98G83X0Y0Z-35Q3R2F80	钻中间位置孔
G00Z150M09	

215

(续)

程序内容	程序注释
M05	
T5M6;	更换 ϕ35mm 麻花钻
G90G54G0X0Y0S150M3;	
G43H5Z150.0;	
X0Y0M08	
Z10	
G98G83X0Y0Z-40Q3R2F20	扩中间位置 ϕ38mm
G00Z150M09	
M05	
T6M6;	更换 ϕ12mm 立铣刀
G90G54G0X0Y0S1300M3;	
G43H6Z150.0;	
X100	
Z15M08	
G00X100Y-41.453	
G00Z15	
G01Z-5.01F80	
G41D5M98P200F120	精加工深 5mm 凹槽调用 200 程序半径补偿值 D5=6.0mm
G00X100Y-41.453	
G00Z15M08	
G01Z-5.01F80	
G41D6M98P200F120	精加工深 5mm 凹槽，调用 200 号程序，半径补偿值 D6=5.99mm
G00Z150	
X0Y-100	
G00Z15	
G01Z-8.01F80	
G41D5M98P300F120	精加工宽 26mm 凹槽，调用 300 号程序
G41D6M98P120	精加工宽 26mm 凹槽，调用 300 号程序
G00Z150	
G01Z-10.1F80	
G41D5M98P400F120	精加工 IR50 凹圆弧，调用 400 号程序
G41D6M98P120	精加工 R50mm 凹圆弧，调用 400 号子程序
G00Z150	
G00X-28Y60	
G00Z15	
G01Z-8.01F80	

(续)

程序内容	程序注释
G41D5M98F120	精加工宽 16mm 凹槽，调用 500 子程序
G41D6M98P120	精加工宽 16mm 凹槽，调用 500 号子程序
G00Z150	
G00X-20Y60	
G00Z15	精加工 R85mm 圆弧凸台表面是在 XZ 平面上铣 R85 圆弧表面
G01Z0F80	
G01Y42	
D6M98P30600	精加工 R85mm 圆弧凸台侧面，调用 600 号子程序，刀具半径补偿 D5=5.99mm
G00Z150	
M09	
M05	
T7M6；	更换 ϕ37.5mm 粗镗刀
G90G54G0X0Y0S850M3；	
G43H7Z150.0；	
X9Y0	
Z10M08	
G98G99X9Y0Z-30R2F60	粗镗孔 ϕ37.5mm
G00Z150M09	
M05	
G90G17G49G94G40	
T8M6；	更换 ϕ38mm 粗镗刀
G90G54G0X0Y0S1000M3；	
G43H8Z150.0；	
X9Y0	
Z10M08	
G98G99X9Y0Z-30R2F40	精粗镗孔 ϕ38mm
G00Z150M09	
M05	

(续)

程序内容	程序注释
G90G17G49G94G40	
T9M6;	更换 ϕ8.5mm 钻头
G90G54G0X0Y0S600M3;	
G43H9Z150.0;	
X-55Y0	
Z10 M08	
G98G99X-55Y0Z-35Q2R2F45	钻螺纹孔底
G00Z150M09	
M05	
G90G17G49G94G40	
T10M6;	更换 M10 机用丝锥
G90G54G0X0Y0S100M3;	
G43H10Z150.0;	
X0Y0	
Z10M08	
G99G84X-55Y0Z-35R2F150	攻螺纹
G00Z150M09	
M05	
G90G17G49G94G40	
T2M6;	更换 ϕ14mm 立铣刀
G90G54G0X0Y0S800M3;	孔口 R30 圆角采用宏程序加工
G43H2Z150.0;	
M03S800	
G43G00Z100	
X0Y0Z0	
Z2.0	
G01X18.239F100	
#1=0	#1：Z 轴起始深度
#2=-7	#2：Z 轴终止深度
N150#3=16.216-#1	#3：Z 向数值表达式
#4=SQRT[30*30-#3*#3]	#4：X 向数值表达式

(续)

程序内容	程序注释
#5=#4-7	#5：X 向数值表达式
G01X[#5]Y0Z[#1]F1000	
G02I[-#5]J0	
#1=#1-0.02	沿 Z 轴方向一圈圈向下走刀，每层降 0.02mm
IF[#1GE#2]GOTO150	
G00G49Z50	
M30	
子程序	子程序注释
O100	100 号子程序
G91G01Z-2.4F80	基准面 A 的加工程序，等高加工，每次切削深度为 2.4mm
G90X125F130	
G00Y-8	
G01X-41	
Y85	
G00X-125	
Y-45	
M99	返回主程序
%	
O200	200 号子程序
G01G41X80F100	深度为 5mm 凹槽的加工程序
G01X60Y-53	
X-60	
X-80Y-41.453	
G01G40X-100	
G00Z150	
M99	返回主程序
%	
O300	300 号子程序
G01X0Y-35	宽度 26mm 凹槽的 XOY 方向的平面轮廓加工程序

(续)

子程序	子程序注释
G01X-52	
G03X-60Y-43R8	
G01Y-53	
G03X-52Y-61R8	
G01X52	
G03X60Y-53R8	
G01Y-43	
G03X52Y-35R8	
G01X-1	
G01G40Y-100	
G00Z150	
M99	返回主程序
%	
O400	400号子程序
G01X0Y-78	R50凹圆弧槽的加工程序
G01X50	
G03X-50Y-78R50	
G01X0	
G01G40Y-100	
M99	返回主程序
%	
O500	500号子程序
G01X-36Y45F100	宽度为16mm凹槽的加工程序
G01Y27	
G03X-20Y27R8	
G01Y45	
G01G40X-28	
G00Z150	
M99	返回主程序
%	
O600	600号子程序
G01G41X0	R85圆弧凸台侧面的加工程序
G18G03X80Z0R85	

(续)

子程序	子程序注释
G01G40X100	
G01G17G91Y-3	
G90G01G42X80	
G18G02X0Z0R80	
G01G40X-20	
M99	返回主程序

20.4 加工实训

加工如图 20-3 所示的零件，毛坯 43mm×43mm×20mm 的四方体，材料为 45 钢，要求：

(1) 分析数控加工工艺。
(2) 编制数控加工程序。
(3) 加工仿真。
(4) 实际零件加工。
(5) 完成实训报告。

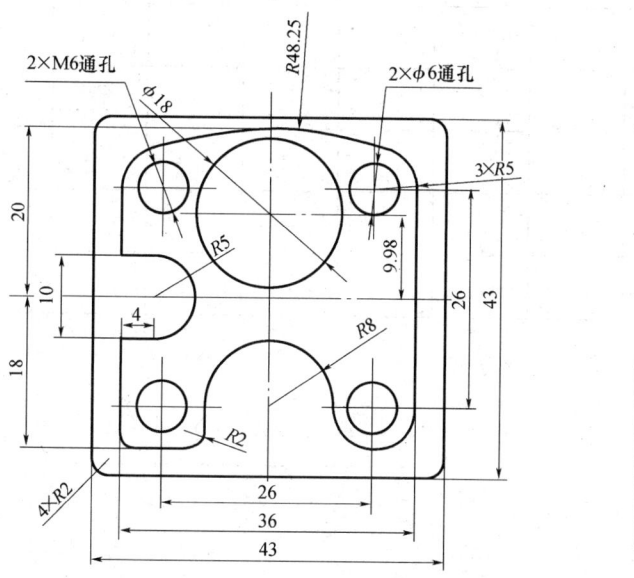

图 20-3 同步练习零件

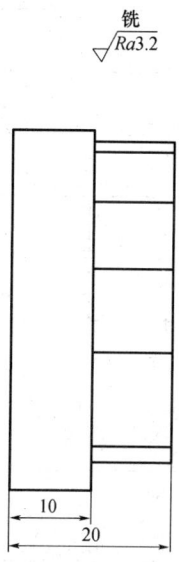

附录　实训报告

1. 数控车实训报告样例

学院		班级		姓名		学号			
此处绘制零件图									
数控车加工工序卡片									
工步号	工步内容	使用刀具名称				切削用量			
^	^	刀具号	刀具主偏角/(°)	刀尖角/(°)	刀尖半径	刀尖半径补偿号	S功能/(r/min)	F功能/(mm/r)	切削深度
程序内容									
备注									

2. 数控铣实训报告样例

学院		班级		姓名		学号	
此处绘制零件图							

数控铣加工工序卡片								
机床：			加 工 参 数					
工序	加工内容	刀具号码	刀具类型	主轴转速 /(r/min)	轴向进给量 /(mm/min)	径向进给量 /(mm/min)	半径补偿	长度补偿

程序内容

223

参考文献

[1] 陈洪涛. 数控加工工艺与编程[M].2 版. 北京：高等教育出版社，2009.

[2] 吴长有，张桦.数控车床加工技术(华中系统)[M]. 北京：机械工业出版社，2010.

[3] 郑文虎.机械加工常用计算[M].北京：机械工业出版社，2010.

[4] 朱冬梅，胥北澜，何建英. 画法几何及机械制图[M]. 北京：高等教育出版社，2008.

[5] 邓爱国，李海霞. 数控工艺员考试指南(数控铣/加工中心分册)[M]. 北京：清华大学出版社，2008.

[6] 宋放之. 数控工艺培训教程(数控车部分)[M].北京：清华大学出版社，2008.